U0178657

玩味餐配茶

THE ART OF
FOOD & TEA PAIRING

林贞标
LIN
Zhenbiao

著

新华出版社

图书在版编目（CIP）数据

玩味餐配茶 / 林贞标著. -- 北京 : 新华出版社,
2023.10

ISBN 978-7-5166-6955-6

Ⅰ.①玩… Ⅱ.①林… Ⅲ.①茶叶—食谱 Ⅳ.
①TS972.1

中国国家版本馆CIP数据核字(2023)第162124号

玩味餐配茶

作　　者：林贞标

责任编辑：祁　艺　　　　　　装帧设计：李爱雪
特约编辑：刘　昱

出版发行：新华出版社
地　　址：北京石景山区京原路8号　　邮　　编：100040
网　　址：http://www.xinhuapub.com
经　　销：新华书店
　　　　　新华出版社天猫旗舰店、京东旗舰店及各大网店
购书热线：010-63077122　　中国新闻书店购书热线：010-63072012

照　　排：刘　艳
印　　刷：北京天恒嘉业印刷有限公司

成品尺寸：130mm × 180mm　　1/32
印　　张：10.5　　　　　　　字　　数：137千字
版　　次：2023年10月第一版　　印　　次：2023年10月第一次印刷
书　　号：ISBN 978-7-5166-6955-6
定　　价：65.00元

目录

从茶说起

餐配茶有道理

茶餐搭配学

茶餐服务谈

茶点小议

茶膳历史

茶膳菜谱

曾志伟 演员、导演

昨日下午，收到汕头好朋友阿标发来的信息，主要内容是关于他写的一本餐配茶的书。他让我帮忙修改、提建议，为书撰序，我一看欣然答应。因为"餐配茶"这个名词我不是第一次看到，记得两年前疫情刚发生不久时我去了一趟汕头，第一次和阿标认识，在他的工作室吃饭。当天晚上菜做得精致好吃是一回事，让我最喜欢、最惊艳的是阿标的餐配茶。每一道菜配一款茶，茶在菜中间承上启下，一整晚吃起来毫无负担。而且最开心的是，在阿标的餐桌上没有喝酒的要求，喝酒纯属自愿。阿标和我说，之所以研究餐配茶的理念，就是为了能在真正享受的状态下去吃好一餐饭，而不是把应酬喝酒当成常规、常态。把中国的茶引到餐桌上，让不想喝酒的人能够轻松愉悦地享受美味。而且据他多年的实践和观察，餐配茶确实能给身体带来许多意想不到的健康和轻松。当天他还拿了餐配茶初步的服务流程和文化理念文章让我指点，我也提了一些建议。

不觉时光荏苒,一眨眼快两年了。回想当晚我们一见如故,又恰逢我接到无线的任职通知,当时还和阿标约定要找机会一起做个节目,把餐配茶这个健康饮食理念好好地传播、推广。想不到才过一年多时间,阿标竟然已经把餐配茶的多年心得结集成书,准备出版。看到书名还是用他的"玩味系列",叫《玩味餐配茶》。我觉得"玩味"这个词非常好,人类的吃喝都是为了健康、愉悦,有了玩心就没有极限,也就有了广度。

我有时候在想,其实餐配茶的生活习惯早就无处不在。在香港茶楼吃早茶是餐配茶,许多茶餐厅也是一杯茶一份便当,许多快餐店也是人手一杯茶,这不都是餐配茶的生活写照吗?只是一直没有像阿标这样的有心人,去把它梳理、研究、升华。茶本就是世界上两大纯自然饮料之一,并且在中国有几千年历史。饮食,饮食,"食"离不开"饮"。阿标把不同茶类与不同味型或不同食物类别的搭配做了详尽的研究，并在服务流程细节上加以规范和优化，让客人更加舒适、愉悦地度过美好的用餐时光。

我还和阿标说要继续努力，把餐配茶这个事情研究得更细致，也用一些符合现代化的方式呈现到餐桌上。我也愿意把这些餐茶搭配的理念向西方的朋友分享，共同把中国的茶文化推广到世界，让世界上更多的人爱上中国的茶，爱上中国的文化。在此，祝愿阿标的《玩味餐配茶》早日出版，让更多的人分享到阿标的健康生活方式。

2023年3月28日于香港

钟镇涛 歌手、演员

认识标哥多年，一切由茶与美食开始。每次到汕头都是怀着不吃喝满足不归的心情，只因标哥对食材的理解和菜品的创新常常超出我的想象。特别是他餐桌上每道菜配一道茶，常常吃了十几道菜都不觉得撑，不觉得腻。所以，我觉得在标哥的厨房吃饭，有了餐配茶这个主题才是满足的保证！

近期标哥发来信息说，已经把"餐配茶"这个饮食理念梳理成书准备出版，让我帮写一篇序文。我仔细看了他发来的文稿，觉得这本书从茶的品鉴、与美食的搭配，到行业的服务标准都有非常专业的诠释，谢谢标哥的分享。

茶与知己饮，人间有味是清欢。玩味餐配上极品单丛"标哥1号"，妙不可言!

钟成涛.

2023年5月7日

孙兆国 烹饪大师

认识标哥算起来七八年了，一起吃过的饭加起来不下百顿。这些年，我们去过很多地方，和他一起上过茶山，去过国外，看在不同的环境下，生长出不同的茶。一起去日本吃美食时，看到他从大背包里不经意间摸出各种茶，在山上、溪水边、雪地里、马路边、古寺庙角落等不同的地方泡上，给我带来各种不同的体验。当我们品尝不同口味的菜品时，标哥也总会恰到好处地泡上合适的茶，助味、提味。早晨、餐前、饭后、夜间，甚至在高速公路的车上，别有一番风味体验。

慢慢地我就喝明白了，如何鉴别一杯好茶，如何泡好一杯茶。从标哥做茶、泡茶中，我悟出了许多做菜的理念。用餐时如何用各种合适的茶来开胃、助味、提味、解腻，让我们吃得更美味、更健康——这正是喜欢做菜又贪吃的我，所真正想要的。

这本餐配茶的书，集标哥几十年游走于各地的茶山，尝遍各地5000

多种不同风味茶的心得。为了一款好茶，他曾48小时不睡觉，和制茶师傅一起，观察气候、温度给茶叶带来的变化。可想标哥对茶是多么痴迷，真乃"茶痴"也！

《餐配茶》这本书不仅是一个记录，也是一个可以传承下去的经典。它作为一个知识宝库，对餐饮这个行业有很大的帮助。

标哥，真正餐配茶的标准哥！

2023年6月8日于上海

时 间 中央新影集团副总编辑

餐配茶里有学问，但更重要的是讲究。凡事一旦讲究起来，学问似乎就更大，越发地耐琢磨。我们与生活的关系就是这样。你越是敬重它，你活得才越会有尊严。

结识标哥，是因为读了他的《玩味简烹》，深为他的简烹理念所折服——"增加食材的前处理功夫，保护食材的原味儿，尽量少放或不放调料。"当我为这位烹饪高手拍摄完纪录片后才知道，他还是位制茶高手，人称"茶痴"。后来又拍了他的采茶、制茶、讲茶的纪录片。

有条件"上位菜"，没条件也要"上公筷"。从"大排档""农家乐"到"米其林"，我们经历了餐桌巨变。无论多么贵重的食材、美酒，世界级的名餐厅，都不在中国人的话下。也许太快了，我们还没有来得及学会餐桌上的礼仪，乃至基本的礼貌，没顾上练就选择器皿的眼光，更别说餐盘的设计和葡萄酒单了……那就让我们先从用"公筷"开始吧，然后"餐配酒"，再到"餐配茶"。

酒菜之间，如琴瑟和鸣；但酒质高妙时，又无须配菜。一次我带了几款酒与标哥相会于汕头他的工作室，其中一款平时舍不得喝的DRC的圣维旺，标哥的配菜却是极普通的土豆白菜。这种简单配豪华的做法，只有标哥这样深谙菜理酒性的人才玩得出来呀。也许是自唐代《茶酒论》以来，"酒致低俗，茶向高雅"之说已成定论。况且国产酒要么是甜度高的米酒，要么是酒精度高的白酒，易与菜搭，所以历来少见中国酒搭配中国菜的见解。不管外国古人的餐配酒曾经多么娴熟，不管中外今人做的酒多么远超先人，不管电力和厨具的革新到底带来怎样的烹饪优势，也不管国内的餐饮与国际上的一流餐厅相比是个什么水平，标哥要做的是一件开创性的事业——餐配茶，是对祖宗留下的"遗"和"非遗"的双重继承和发展。

为此，他提出"产业化"，希望建立"行业标准"。但愿有一天我们餐厅里会出现新的职业角色——"侍茶师"，如同20世纪六七十年代兴于欧洲，如今世界范围内凡是大牛的餐厅的标配——侍酒师一样。目前在中国，通过英国侍酒师大师工会CMS认证考试的人数已近三百，而且每年在上海都举办侍酒师的比赛。如果你去米其林级别的餐厅点酒，就会见到他们。侍酒师更熟悉本餐厅的菜品和酒品，他们的建议不光让你觉得餐酒搭配得更完美，还让你体会出服务的品质、餐厅的品质——生活的品质。

而餐配茶，完全是空白，若非标哥这样的"茶痴"兼"厨中圣手"，绝难配搭。他总结了"酸、甜、苦、辣、咸、香、鲜"七宗味的菜品和"肉、菜、海鲜、豆、奶制品、甜点"等不同食材与各类茶的搭配设计，非常实用而又不觉得刻板。他是真心希望读者根据各自的实践和心得，搞出自己的名堂来。标哥，有情有爱的人啊。

前年我想在浙江新昌县搞一场春季的"江南茶宴"活动，请标哥设计菜品，并配以当地产的绿、红、黑三类茶。若能成行，他的简烹思想一定能将江南春季食材化日常为大雅，创作出一套令人浮想联翩的菜谱，成为"梦游天姥吟留别"之后的又一绝唱。

前日老友老郭从勃艮第发来福鼎老白茶（四款）搭配法餐的组照，这是他第二次举办"中国茶遇见法国美食"的活动。他认为中国茶是法餐的绝佳伴侣，既提香又去腻，口感还丝滑。确实，在我眼里的六大类中国茶，其实就是两类——新茶和老茶。"新茶"有绿茶、黄茶、花茶、生普、白茶、乌龙茶；"老茶"有熟普、六堡、黑茶，也有红茶、乌龙茶。其中最为百搭的就是白茶，它亦茶亦药，能热能冷；能泡能煮，搭荤配素；能混能掺

（加陈皮、草药），去腻解甜。

茶的功能有二，一是实用：解渴、提神；二是审美：感受茶香，欣赏茶气，体会茶礼。这是主、客双方都需要认真投入的过程，当然结局也是令人回味的。说玄了，是一次修心、修行的经历。标哥的餐配茶绝不只是口舌之欲的提升，这是心意所在。追求的是心心相印，那就都好了。

古有"禅茶一味"之说，就是以茶为载体，通过行茶、品茶，以茶契禅，从而得到某种精神上的收获，达到开悟的境界。悟是一种状态，可大可小，随时消散，人们往往通过对自己的约束、限定达到这种状态，这又叫"得道"。"道"在日常，在眼前，只要你专注、专一，就能拥有它。喝茶就是喝茶，喝茶时只想喝茶的事；餐配茶就是餐配茶，餐配茶时只想餐配茶的事。当你完全专注当下的时候，会进入到一个精神的世界。

标哥的"玩味"带着虔诚，他是举重若轻的人，从不装。不深度交往，难以觉察他的执着。但当你留意、专注于他的茶、他的餐的时候，就会有一种精神上的享受。其实，人生就是由物质的世界和精神的世界构成的。只不过精神的世界如白驹之过隙，稍纵即逝，而标哥的努力或许就是在为我们营造一个这样的精神世界。

2023年1月7日于北京

自序

这本书是不在计划内的书，"餐配茶"这个名词就是大白话。

自古以来，饮与食是不分家的。饮的内容丰富复杂，地区习俗的不同、大众口味的时代变迁、生活条件的因素种种，形成了不同的"饮"。但不管是什么，饮食饮食，"饮"自古放在"食"前头。

本书的核心餐配茶的缘起，与我个人的生活习惯和社会观察有关。中国自改革开放之后，经济飞速发展，人们的生活观念、习惯发生了极大的变化。自20世纪90年代之后，聚会吃饭已经不仅仅满足于果腹了，而变成了一种"局"。自从有"局"开始，菜已不重要，重要的是饮，但这种饮是酒。

自古以来酒壮怂人胆，许多原本不敢干的事情，在酒精的刺激下都干了；许多有原则的人在饭局上被酒精一抹，原则也没了。这是酒的"丰功伟绩"。虽然酒帮助促成了一些事情，但酒也动摇了许多人的初心，最重要的是，毁坏了许多人的身体。特别是我自己，在过去的风气下身不由己，深受其害。我也开始反思，一方面是酒量不行，另一方面人类天生容易受到环境风潮的裹挟，不由自主地陷入其中无法自拔。那么这是不是我要的人生？我认为人生应有之态，是适度自由、舒适、快乐，而不是每天被迫应酬、做伤害自己的事，或说很多不真实、违心的话。

所以，我从2012年开始远离了商场，醉心于山野之间，问茶寻味。后来发现，吃一个好东西，再泡一杯茶，是我真正快乐的事。这般怎么喝、怎么吃都没负担，不用怕酒多失言得罪人。虽然我偶尔不喝酒也失言得罪人，但比起喝酒的失言还是少了许多。

从2014年开始，我把茶当成设宴待客的重要饮品。在此过程中，为了调动餐桌上的氛围，满足餐桌礼仪习惯，我也不断研究茶饮怎样才能更科学、更人性化地在餐桌上呈现。经过仔细的观察和多方征求朋友们的体验和感受，我得出一些数据；再用于优化餐配茶的整个流程与合理性，并吸收更多的专业知识。从食物属性到各大茶类的属性，如何让它们更好地结合；从服务细节到人文关怀，怎样让一杯茶润物细无声地表达，等等。

当然，这些针对人的服务属性，要想做到科学合理非一日之功。好在我不经营餐厅，一切都是处在"玩"的状态，纯属是为了取悦自己而做许多事情。虽然经过几年时间，在食物与茶的搭配上有了些许心得，但也只是为了好友相聚时玩一玩而已。

直到有一天，孙兆国老师的来访打破了我的一些原本的想法。孙老师是中国餐饮界中我为数不多佩服得五体投地之人，他在厨艺的造诣上达到了艺术家的境界。最重要的是，他也不喜欢喝酒，有时脾气和我一样臭，所以我们在一起算是"臭味相投"。或许人是感情动物，一旦两相欣赏，就会觉得对方什么都是好的。孙老师在我为他做了一席正儿八经的餐配茶晚宴之后，对我这个餐配茶体系赞赏有加，一直和我说这是高端餐饮的未来，也是推动健康饮食的一个好方法。这样的饮食之风一朝形成，便能更好地推动一个厨师去好好地做菜。

孙老师一再地鼓励我把研究心得加以传播。他说："在中国能把餐和茶做一个结合的人也就你了。许多会做菜的厨师不懂茶，会玩茶的人又不懂厨艺，你是两方面兼而有之。而且你研究的茶不局限于某一个地方，你做的菜也无门无派，不单单是潮汕菜那么简单。所以这个事情也只能是你去开一个先河来。这是功德无量之事。"我听了这一席话，突然似感责任重大，必须更加细致地通过科学的方法和实践拿出更多实据来。此外，我现在还有了强大的后备力量——我的大女儿林笑笑，因和我一样热爱美味，大学选择了食品科学专业，成为我食品专业理论的有力后盾之一。

种种机缘之下，我在餐配茶这个事情上快速地有了突破。但最终推动这本书成型的，是另一个插曲。去年我受邀做一个针对餐配茶的标准指南。我觉得是个很好的传播餐配茶文化的机会，便欣然应允、参与起草。但在此过程中发现，很多工作人员只是为凑任务了事，或把每一个到手的权限当成牟取私利的工具。与一群没情怀的人做有情怀的事，很心累。

到了今年春天，我突然灵光一现：我所做的一切不就是为了传播吗？不就是想怎么让中国的茶更好地走向世界，让一杯茶改变现有的餐桌陋习文化吗？而传播最好的方式，可能还是纯粹一点的，传统一点的——写书。书籍才能真正表达我的所学、所思，汇集大量的实践成果和相关的参考资料。当然，我在此声明，本书并非金科玉律，只是一家之思考与实践记录。读者朋友但凡在某一段的字里行间拾得一点有用之物，或有所启发，吾愿足矣。

天下万事总有先行者，不求尽善尽美，但求于人、于己有益。若本书能传播些许饮食良道、餐桌文明，为中华国饮走向世界的愿景抛砖引玉，便功德圆满了。期待更多有识之士，在此粗浅基础上精益求精、补齐缺漏。吾诚心求教，若有指正或餐配茶更优方式提供者，当亲侍佳肴以酬谢。

书写至此，似还有千言万语未述。或许是暑气太盛，得悉阵雨将至，不免心绪澎湃，写着写着就乱了。

也罢，乱就乱吧，聊当是序，诸君莫笑。

2023年夏至，于汕头简烹工作室

从茶说起

漫谈古今
茶叶的种种好处

进入餐配茶的正题之前，先回顾一下茶叶。不识茶，何谈配？本章以3篇介绍一下茶的好处、茶的分类和茶的鉴别。对于专业的茶客，兴许很多已耳熟能详；但对于餐厅经营者或茶食爱好者而言，可作为一个入门参考。

本文梳理一下饮茶的主要作用。我选取了一些通俗易懂的基础资料，让读者在快速、省时的情况下，明白喝一杯茶的好处。无论餐前、餐后、餐里、餐外，一杯茶的功用毕竟和白开水不同。在查找资料时发现，各家专业刊物或书籍之间有不少相互矛盾之处。于是花了大量的时间多找几本书对照，尽量将一些通识性的知识整理出来。实际涉及茶化工艺，有诸多功能性和生化性理论，专业术语连篇累牍，路线图盘根错节，非一卷小书所能尽含。但对于广大饮食爱好者来说，只是为了喝得愉悦，又喝得明白，而不是成为咬文嚼字、皓首穷经的"茶博士"。本书的任务，是呵护读者的兴趣，而非打击读者的求知欲，姑且将从古至今对于茶叶的功用简要一谈。

人类自从远古先辈发现了茶这种植物以后，就和茶脱不了关系。无论在东方还是西方，最初的人虽然说不清为什么这种植物是好的，但大概人是万物灵长，人体像一个超强的"雷达接收器"，会自然而然地感知、接受有益的东西，再慢慢地去发现、总结它的好处在哪里。

中国从几千年前开始就有数不尽的典籍记录着对茶的点滴认知。最早应是东汉的《神农本草经》，书中载："茶可解七十二毒。"这一时期的很多文字记载或传说最终都往神话方向走，这就不是我们要参考的方向了。在历史的长河中，确实有许多关于茶的认知、经验的记载，是值得我们参详和不断探索的。

比如，明代李时珍在《本草纲目》中对茶的论述："茶苦而寒，阴中之阴，沉也，降也，最能降火。火为百病，火降则上清矣。然火有五火，有虚实，若少壮胃健之人，心、肺、脾、胃之火多盛，故与茶相宜。温饮则火因寒气而下降，热饮则茶借火气而升散。又兼解酒食之毒，使人神思闿爽，不昏不睡，此茶之功也。"说茶能助消化，清醒头脑，加强视力，减少睡眠，排除酒毒，消除暑热。

李时珍对于茶的功效描述，有可借鉴之处，亦有值得推敲的地方。比如说茶叶苦寒，这是以一般性味关系得出的结论，但茶叶有千万种，随着制作工艺的不同性质又会变化，不可一概而论。现在许多中医一说到茶都是："茶寒不可多饮"，其实并未辨证。以茶种来说，绿茶、铁观音发酵程度较低，为寒性；其他青茶为平性；发酵程度较高的红茶、黑茶多为温性。以季节气候来说，冬天适合饮熟茶、温性茶，夏天适合喝生茶、凉性茶。以体质来说，燥热上火者

舒城小兰花

适合凉性茶，虚寒胃弱者适合温性茶，等等。

除了药圣之外，古代许多医家认为茶有医疗效用。明代李中梓《本草通玄》："茗苦甘微寒，下气消食，清头目，醒睡眠，解炙煿毒、酒毒，消暑。"清代汪昂《本草备要》："饮茶有解酒食、油腻，烧灼之毒。多饮消脂，最能去油。"寥寥数语，把茶的实用功效说得一清二楚了。

但也有把茶的功效夸大的，如清代黄宫绣《本草求真》曰："茶禀天地至清之气，得春露以培，生意充足，纤芥滓秽不受，味甘气寒，故能入肺清痰利水，入心清热解毒，是以垢腻能涤，炙爆能解。凡一切食积不化，头目不清，痰涎不消，二便不利，消渴不止，及一切便血、吐血、衄血、血痢、火伤目疾等症，服之皆能有效。但热服则宜，冷服聚痰，多服少睡，久服瘦人。"还有更夸张

东方美人

的，唐代儒医陈藏器《本草拾遗》说："贵在茶也，上通天境，下资人伦。诸药为各病之药，茶为万病之药。"真是玄乎其玄，包治百病。不可偏信！

文人墨客的爱茶，则更多是精神层面的寄托。唐代郑愚《茶诗》："嫩芽香且灵，吾谓草中英。"元稹《一七令》："铫煎黄蕊色，碗转曲尘花。夜后邀陪明月，晨前独对朝霞。"宋代吴淑《茶赋》："夫其涤烦疗渴，换骨轻身，茶荈之利，其功若神。"元代张可久《人月圆》："山中何事？松花酿酒，春水煎茶。"清代朱彝尊《饮茶歌》："安得庐同六七碗，顿使两腋清风生。"瞧，无论是春风得意还是落魄左迁，无论是诸事缠身还是一身清闲，茶都是默默陪伴的好搭档。难怪顾元庆《茶谱》中说："人固不可一日无茶。"

近代以来的茶学资料中，逐渐驱散了茶的浪漫玄虚色彩，补以严谨的生物分析。谢观1921年编修的《中国医学大辞典》称："茶根煎汤代茶，不时饮，可治口烂。茶清热降火，清食醒酒，用作兴奋剂神经药。又为利尿剂。又治疲劳性神经衰弱症。芳香油能刺激胃分泌增多，由微血管而达十二指肠、小肠等处，始次第将茶精吸入血中。由微血管而传达中枢神经，使血液循环加速，遂被激而兴奋。惟效力微，甚而时间亦短促。"此论开始接近科学了。

现代茶学研究者通过进一步的科学分解，弄明白茶中起作用的各种成分。茶叶的主要营养成分是茶多酚、纤维素、茶色素、咖啡碱（咖啡因）、茶氨酸等。杨晓萍主编《茶叶深加工与综合利用》一书中，对这些成分的功效总结道：

茶多酚： 对人体具有抗氧化、清除自由基、抗癌、抗辐射、降血脂、杀菌等生理功效。

茶色素： 具有与茶多酚类物质类似的抗氧化、抗癌、抑菌等生物活性。

咖啡碱： 具有兴奋神经中枢、助消化、利尿、强心解痉、松弛平滑肌等作用。

茶氨酸： 有保护神经细胞、调节脑内神经传达物质的变化、降血压、辅助抗肿瘤、镇静安神、改善经期综合征等功效，可用于帕金森病、阿尔茨海默病及传导性神经功能紊乱等疾病的预防和治疗，也可用于改善睡眠、增强记忆力等。

γ-氨基丁酸： 具有镇静神经、抗焦虑、提高脑活力、抗惊厥等活性。

茶多糖： 具有降血糖、降血脂、抗血凝、抗血栓、增强机体免疫功能、抗氧化等生物活性。

茶膳食纤维： 能刺激胃肠蠕动、增加粪便体积、减少有毒或有害物质的吸收、具有特殊的生理保健功能。

茶皂素： 具有溶血作用、抗渗消炎、抗菌、抗病毒、杀虫、驱虫等生物活性。[1]

其中，对于重要成分咖啡碱，不同时期出版的专业刊物有不同的解读。严鸿德等编《茶叶深加工技术》中对其提神安神的原理这样阐述：

1. 兴奋作用

咖啡碱具有兴奋中枢神经系统的作用，提高思维效率。

---

[1] 杨晓萍.茶叶深加工与综合利用［M］.北京：中国轻工业出版社，2019.

2. 利尿作用

咖啡碱的这种作用是通过肾促进尿液中水的滤出率来实现的。此外，咖啡碱的刺激膀胱作用也协助利尿。茶咖啡碱的利尿作用也有助于醒酒，解除酒精毒害。因为茶咖啡碱能提高肝脏对物质的代谢能力，增强血液循环，把血液中的酒精排出体外，缓和与消除由酒精所引起的刺激，解除酒毒；同时因为咖啡碱有强心、利尿作用，能刺激肾脏使酒精从小便中迅速排出。

3. 强心解痉，松弛平滑肌的作用

据研究，如给心脏病人喝茶，能使病人的心脏指数、脉搏指数、氧消耗和血液的吸氧量都得到显著提高。这些都是同茶叶中咖啡碱、茶叶碱的药理作用有关，特别是与咖啡碱的松弛平滑肌的作用密切相关。咖啡碱具有松弛平滑肌的功效，因而可使冠状动脉松弛，促进血液循环。因而在心绞痛和心肌梗塞的治疗中，茶叶可起到良好的辅助作用。

4. 助消化作用

咖啡碱的刺激作用可提高胃液的分泌量，从而增进食欲，帮助消化。[1]

除了咖啡碱外，茶叶中还含有少量茶叶碱和可可碱，也具有和咖啡碱类似的作用。

那么，以上种种功效是否真的存在？我相信是存在的，但不是喝一杯茶就立竿见影。这是一个慢慢养成生活习惯后，慢慢改变身体的过程。纵使有些理论无法快速证实，但喝茶对身体有好处是毋庸置疑的。

[1] 严鸿德.茶叶深加工技术［M］.北京：中国轻工业出版社，1998.

以上关于茶的描述中，有的过于理论，有的过于美化，我更喜欢找一些有生活印记的记录来佐证。比如《清稗类钞》中的一段话，于我有重要的参考意义："锅焙茶，产邛州火井漕。箬裹囊封，远致西藏。味最浓冽，能荡涤腥膻厚味，喇嘛珍为上品。"又说："茶，饮料也，而蒙古人乃以为食，非加水而烹之也。所用为砖茶，辄置于牛肉、牛乳中杂煮之。其平日虽偏于肉食，而不患坏血病者，亦以此。"

为什么这段话对于我有重要的参考意义？因为这本书写的是食物与茶的关系，也就是餐配茶。我在历史中爬罗剔抉，一直寻找着茶于食物如何有益的线索。这段话解答了我一直以来的一个疑惑："藏人不讲品茶之事"，为何茶叶又是他们的战略物资？从上述记载来看，茶确实对藏人有药用价值。结合茶叶成分的现代分析来说，应该是膳食纤维和维生素起到了关键性作用。茶叶中大量的粗纤维素进入肠道，虽大部分无法被吸收，但能刺激胃肠蠕动，增加粪便的排出，减少有毒或有害物质的吸收，这种功能恰好满足了青藏、内蒙古一带的游牧民族的需要。游牧人居无定所，没有种蔬菜、水果，又以牛羊肉、奶制品为主要食物来源。所以，茶叶中的粗纤维素、维生素和其他植物生化素很好地解决了他们缺乏蔬菜、水果的硬伤。

综上所述，食物和茶搭配食用，古来是有迹可溯、有章可循的。我国高原地区人民将茶当成生活的必需品，中原、南方地区则把茶当成一种生活与文化的精神结晶。长篇大论地说了这么多，从古至今喝茶的种种好处，权当是餐配茶的一些理由吧。

琳琅满目的茶书

茶的分类

茶叶的分类，在许多茶书中已有共识。全国各地支目繁多，本文是介绍一个框架，希望读者朋友对最基本的茶类有所掌握，为后面的茶餐搭配打下基础。

茶的大分类从传统上有六类，红、黑、绿、白、黄、青。在我的认知中，还可以增加一类——复合类，也就是花茶类或有其他添加物的茶。因此，我将茶归为七大类，具体列表如下：

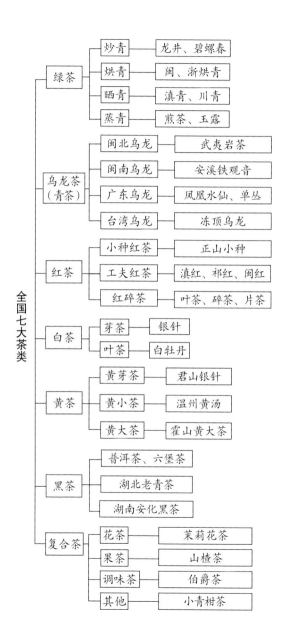

全国七大茶类

- 绿茶
  - 炒青 — 龙井、碧螺春
  - 烘青 — 闽、浙烘青
  - 晒青 — 滇青、川青
  - 蒸青 — 煎茶、玉露
- 乌龙茶（青茶）
  - 闽北乌龙 — 武夷岩茶
  - 闽南乌龙 — 安溪铁观音
  - 广东乌龙 — 凤凰水仙、单丛
  - 台湾乌龙 — 冻顶乌龙
- 红茶
  - 小种红茶 — 正山小种
  - 工夫红茶 — 滇红、祁红、闽红
  - 红碎茶 — 叶茶、碎茶、片茶
- 白茶
  - 芽茶 — 银针
  - 叶茶 — 白牡丹
- 黄茶
  - 黄芽茶 — 君山银针
  - 黄小茶 — 温州黄汤
  - 黄大茶 — 霍山黄大茶
- 黑茶
  - 普洱茶、六堡茶
  - 湖北老青茶
  - 湖南安化黑茶
- 复合茶
  - 花茶 — 茉莉花茶
  - 果茶 — 山楂茶
  - 调味茶 — 伯爵茶
  - 其他 — 小青柑茶

各大茶类的典型代表在图中有列出。需要说明的一点是，约定俗成的东西也容易造成误导。初学者会以为，前六大类茶都只有特定品种。其实这六大茶类是以制作工艺来区分，比如红茶，天底下的所有茶都可以做成红茶。红茶工艺的最大的用处，就是处理那些品种相对次等的茶。

简单地说，绿茶的基本加工工序是杀青、揉捻、干燥，不发酵；黄茶的基本工序是杀青、焖黄、干燥，微发酵；白茶的基本工序是萎凋、干燥，轻度发酵；乌龙茶（青茶）的工序是萎凋、做青（摇青）、炒青、揉捻、干燥，中度发酵；红茶的工序是萎凋、揉捻、发酵、干燥，高度发酵；黑茶的工序则是杀青、揉捻、渥堆、干燥，后发酵（生普洱除外）。那么，是否能说，同一棵茶树的叶子按照不同方式加工，就可以分别做出绿茶、白茶、红茶、黑茶呢？理论上是可以的，但非惯用树种制作的对应茶种，在味道上可能不尽如人意，甚至是四不像。不同地区盛产的茶树品种，其鲜叶的生化成分有很大区别。比如，氨基酸、茶多酚、咖啡碱含量的不同决定了口感的不同，茶色素决定了叶色、汤色的不同，芳香物质决定了香气的不同，酶特性决定了发酵、烘焙难易程度的不同，等等。

因此，不同茶树品种的适制性不同。一般来说，绿茶偏好鲜嫩的中小叶种，乌龙茶以中、大叶种为主，黑茶需要比绿茶、红茶更粗老的大叶种，白茶则有较为固定树种，如大白茶、水仙的嫩叶嫩梢。茶叶的三种主要呈味物质中，氨基酸令茶鲜爽，茶多酚令茶涩，咖啡碱令茶苦。所以，酚氨比低的适合做绿茶，鲜爽；如果用酚氨比高的做绿茶，必然苦涩。酚氨比高的适合做发酵茶，如红茶或乌龙茶，保证了甜醇的底子。有的树种适制性较差，只适合做一两种茶类；有些适制性广，可以做成很多种茶类。比如，云南大叶种可以

一方水土养一方茶

做成普洱、滇红、白茶等。此外，除了生化结构的差别，不同的地理环境、气候条件、风土习惯、市场经济等因素，也沉淀出不同地区最有特色的茶种。更多关于茶叶的味型分析，见后面"茶餐搭配学"一章。

前六大茶是老茶客们比较熟悉的，这里重点说一下复合茶类。复合茶类味无定式，因地而异，我国和国外皆有以茶为基础原料的各种饮品。国内复合类茶以花茶为代表，花茶中以茉莉花茶为代表，常见的还有玉兰花茶、桂花茶、珠兰花茶、柚子花茶。其他的复合类茶有荷叶茶、柠檬茶、甜菊叶茶等，包括近年新流行的小青柑茶。茶餐厅或酒店大堂常用的果茶也属于复合茶，如无花果茶、山楂茶、罗汉果茶；还有奶茶等以多种原料调配的茶。国外的复合茶类，有斯里兰卡的伯爵茶、印度的香料茶等。伯爵茶是欧洲最受欢迎的调味茶，用斯里兰卡的红茶加入佛手柑制作而成。

茶祖的叶子和花

其实，茶作为世界上的一种天然饮品，不同区域、不同口味何其之多。以上罗列的仅是一些约定俗成的类目，相信还存在太多的未知与未接触。但有了这个基本框架，大家遇到新的茶种不至于手足无措。

如何判断茶的好坏

前面说过，本书主要是为了给茶餐从业者或喜欢用茶配餐的朋友们一个基础的入门。很多人会担心："茶很高深，我怎么弄都不懂。"那么这篇文章希望您花15分钟耐心看完，然后用心体会一下。您三两天就能学会评判茶的质量，而且也可以装得很高深。

外观。茶叶的外形千奇百怪，最常见的有条形、卷曲形、扁形、圆形。无论形状如何，都是从茶叶的条索、老嫩、粗细、轻重、整齐度去评判质量。通常以条索纤细紧实、空隙小、体积小者为佳，粗大宽松者为次。总的来说，不管什么形状的茶叶，只要是紧实、沉甸甸，没有黄片、粗枝的，都不会差到哪儿去。

光泽度。不同产区、不同工艺的茶，很难说哪种颜色是绝对的好茶，但是有一点可以对茶进行客观评判，那就是茶叶的光泽度。不管是什么颜色的茶，只要看起来光亮油润、有质感，便是好茶。

干湿度。各类茶叶的含水量标准是5%~7%，超过8%茶叶易陈化，超过12%茶叶易霉变。时下有很多茶农在制作毛茶时故意把含水量控制在百分之十几，这样茶叶的重量就会增加。这种毛茶在刚出炉试喝时感觉很不错，但过段时间味道就全变了，因此茶叶的干湿度非常重要。我介绍一个用手测茶叶水分的方法：抓一大把茶叶在手里反复紧握3~4次，如果手心有刺痛感，听到类似枯枝折断的声音，茶叶的含水量一般不会超过8%；而含水量10%以上的茶叶，紧握时手心没有刺痛感，茶叶有点松软，闻之青气较重。当然，买到含水量高的茶叶也有补救的方法，就是放在开着冷气的空调房里晾一会儿。这样既能去除茶叶中的一些水分，也能阻止其快速氧化。

汤色。汤色是指茶叶冲泡后茶汤所呈现的色泽，分为正常色、劣变色、陈变色三种。正常色，指正常采制条件下制成的茶，冲泡后茶汤呈现该有的颜色。比如，绿茶或青茶冲泡后呈现绿色或绿中带浅黄（也称鹅黄）色；红茶则呈现红汤色或金黄汤色，红艳明亮。劣变色，指由于鲜茶叶采运或初制不当，冲泡的茶汤难以呈现该有的本色。比如，劣变绿茶的汤色呈现灰褐色或黄中带红色。陈变色，指因制作过程中的陈变导致茶汤难以呈现该有的本色。比如，茶叶杀青后没及时揉捻，揉捻后没及时摊凉或干燥，都会使新茶的汤色呈现陈茶色。制作得当的新茶，汤色明亮，晶莹剔透；陈变的茶，汤色黄褐灰暗，浊气横生。

以上为"察颜观色"之点滴见解，下面再谈谈茶叶内质之魂。

嗅香。不同的土地、气候、品种、制作工艺，使各类茶的香气各具风格。整体上可归纳为纯、浓、鲜爽、平、粗五大评判要素。

纯：香气清纯，没有杂味与腻感。

浓：香气浓烈、绵长。

鲜爽：香气新鲜，嗅之使人神清气爽，如身临高山或生态环境好的地方，有在高负离子空气中的感觉。

平：香气平淡，无杂异怪味。

粗：有香，但香中带杂，呛鼻，有辛辣感。

香气的持久度也是评判茶品质的一个因素。我将好茶的判断标准浓缩为简单四个字——清、幽、淡、雅，而茶的持久度就体现在"幽"字上。"幽"，指茶的香气悠久绵长。嗅香可以总结为：清者为纯，香而不腻为雅，淡而有味为幽。有此特征者，好茶无疑也。

再来聊点品茗的滋味感。滋味，指饮后的感觉。醇正好茶滋味鲜爽、醇和、幽香、回甘。次等茶饮后滋味体现为苦涩、粗杂、刺激性强，也有人把这种表现理解为浓厚、回甘力强，特别是潮汕老一辈的饮茶者常把这种劣味刺激描述为"有肉""饱嘴""够力"。

有时茶汤口感不好，可能有水粗的原因。水粗不是一种感觉，而是事实。有时我们在茶汤入口后，感觉舌面或舌底有附着物般的粗涩感，这是因为茶汤中的颗粒物较多。颗粒物的来源有两方面：一是茶叶加工过程不卫生。比如，有灰尘、沙土附着，或炭火烘焙不当吸附了木灰颗粒，这些属于外来的粗颗粒物。二是来自茶叶本身。比如，低海拔生长的茶叶因气温高，生长速度快，叶片肥厚而纤维不紧实，经过制作与高温烘焙后，一经浸泡，茶叶边缘的碎屑与颗粒就会溶于水中，使茶汤变粗。这属于内生的颗粒物，饮后会有滞钝、涩口感。

前面讲了几个评判茶质量的基本要素，从茶叶的形状、外观、光泽度到汤色、嗅香、口感，最后聊点对叶底的评判。

干湿度

嗅香

很多人喝着茶，不管懂与不懂，都会把盖碗拿起来嗅一下，然后用盖子戳一戳茶叶，这个环节的专业术语叫"观叶底"。观叶底也是评判茶叶等级的一个方法。一般来说，叶底首先看的是颜色。制作到位的茶在充分冲泡后，叶片舒展开，颜色均匀一致，不会一边是红色，一边是绿色。其次看质地，叶片质感油润，没有明显的爆点或焦煳点，叶片完整度高才是好茶。当然，茶叶文化博大精深，并不是所有的茶都一样。一些特征明显的茶，如桐木关的金骏眉，历经二十多泡水后，每个芽头依然挺拔、光亮、粗壮，像红缨枪头一样；如果是关外或江西的绿茶芽头做成的金骏眉，冲泡几次后，所有芽头会软趴趴地贴在一起，再也挺不起来。

以上这些基础判断，您若全部掌握了，已经是鉴别茶叶的老手；哪怕掌握三两项，也足够入门了。

观叶底

餐配茶有道理

中餐配茶，体现中华文化自信

随着时代的进步，中西方文化的交融，吃西餐已经成为国人的一种时尚。西餐有一个重要特点是餐配酒，尤其是葡萄酒。高级的西餐厅视配酒为至关重要。这些年国内餐饮业努力地学习、发展，高端的中餐馆从中菜西做到摆盘、服务上都吸收了很多西方的饮食文化。这些本没有错，但是学习最怕的是照搬，没有去思考一个所以然。

西餐配酒，有它存在的合理性。第一，葡萄酒属于低度酒而且风味各异，可品度高。第二，西餐的食物味型、制作方式、搭配比较单一，所以配酒的冲突性较少。而中餐源远流长，地大物博，多民族菜系丰富。食物的链条多样化、味型的复杂度、烹饪手法的千差万别，奠定了中华饮食文化的博大精深，也造成了配酒的难度。这些年许多中餐馆学起了西餐的配酒服务，但在我看来，中餐要配好酒是很难的。

中国大多数的饮酒习惯以白酒、烈酒为主。白酒一喝，什么菜基本都一味。而用葡萄酒，又与中餐很多味型无法相配；再好的干红，碰到一个宫保鸡丁，基本玩完。基于上述因素，从高级品位和真正让食客感受到大厨用心烹饪的原则上，中餐只能配茶。

中国大地的茶品多种多样，与中餐的味型相辅相成。席中一杯茶，可以起到画龙点睛的作用。更重要的是，茶是热的，酒是冷的。大多数的中式菜肴需要一口热汤或一口热茶，才能更好地打开味蕾和衬托食物的香气。它可以承上启下，在每一道菜之间起到清口的作用。此外，如果对茶和菜的关系有一定的研究和理解，那么搭配出来的菜会更加完美，更加凸显菜的原本味道。这些是茶配餐的好处。

酒乃水中小人，酒过三巡头昏脑涨，诸菜一味，枉费了厨师的一番苦心；茶是水中君子，越喝越精神，对于口腔的清洁和灵敏度有特殊的作用。还有重要的一点，大多数时候餐桌上喝酒是一种礼仪动作，比如敬酒举杯、碰杯。现如今一桌宴席上，一大半人都是被动式喝酒。那么茶也可以作为一种礼仪呈现，方式可多样化，比如用香槟杯、红酒杯、白兰地杯、高脚杯等，只要核心内容是茶就行。中体西用，仪式感有了，身体也舒服了。更重要的是，茶服务好餐的同时又能充分展现中国元素印记。当前我们提倡文化自信，文化最好的传播就是生活方式。中国茶饮文化几千年，茶与饮食息息相关，若将茶文化好好地运用到餐桌上，也是一种文化自信。

茶可以用酒杯呈现

餐配茶需要一个行业标准指南

有人问，茶我们自己都泡不好，怎么才能用到餐桌上？

万事总有先行者，这就是我写这本书的意义。我在餐配茶这件事上实践、研究了许多年，近年来越发觉得它意义非凡，所以希望将一些有用的心得传递给有需要的人。今后如果餐配茶成为一个行业，它的蓬勃发展必然需要一个行业标准。行业标准是衡量产品、服务质量、企业管理和行业成熟度的尺子。统一标准可以调节行业秩序，打击伪劣注水，保障消费者权益，让茶餐行业真正得到良性的生态发展。在真正的标准尚未建立之际，本书可以作为一个基础指南，让从业者们"有从下手"。

每个行业在没有形成一定的规模和风气之前，都是杂乱无章的。餐配茶这个行业，目前是比较混乱无序的。"餐+茶"模式在近几年兴起，成为一个较热门的新赛道。因为复合式餐饮能满足消费者更多样化的需求，饮茶谈事毕，吃饭联络感情。通过延长顾客停留时间，来增加品牌记忆度，带动门店客流量，提升盈利空间。于是，大小餐厅、茶楼、饮料店纷纷搞起跨界混搭。凑凑火锅开始做火锅+茶歇，喜茶开始卖麻婆豆腐面包，奈雪的茶推出梅菜肉肉、咖喱牛牛等。但这些仍停留在比较基础、简单的速食茶餐厅水平，也就是甜品、炸品等重口菜+重口奶果茶配法。通过简单、快速、粗暴地刺激味蕾，满足许多年轻人和忙碌工作人群的需求。当然，在一些中餐馆的正餐桌上，"餐+茶"也不再是稀客。在全国大中城市中，比较高端的各菜系餐馆都有配茶的环节，而且点一道茶的价格不菲。但引来的诟病是，有时一道茶收费几百块钱，用的却是很普通的茶；而且泡茶的人员也没有经过系统的培训，客人花了几百块钱，却喝了一杯半冷不热又毫无滋味的茶。所以，茶在高消费路线上并没有体现它的价值；在低消费路线上乱搭一气、面目全非，而且质量和安全性堪忧。

在这种情形下，设立一个餐配茶行业的标准体系就有必要性和紧迫性。如何让茶服务好餐？如何让一杯茶更好地为餐厅带来顾客黏性和流量？如何让茶在载体上更贴近生活，而在味道上保留本真特色？如何设计餐配茶的菜单？怎样搞好原料采购和供应链管控？如果客单价过高，消费频次必然受限，茶餐套餐该如何定价？如果一菜配一茶消费时间过长，在高峰时期与客单量相冲突，配茶的量和数如何酌定？要想打造响亮的品牌，定位是草根亲民路线还是中高端消费路线，如何做好成本控制和质量管理？……这些将来都需要一套比较完善的标准来指导。

一个行业成型的初期，需要一帮有心人、有情怀的人去不断地发现问题、解决问题、细化环节、集思广益。通过不断的实验、实践和经验积累，得出一套相对完整可行的规章流程和标准化意见。"茶+餐"模式易学难精，以咖啡、奶茶、冰饮为主的茶餐厅已渐成红海，但是中国茶远远没有走到如西洋酒一般专业配餐彰显文化魅力的地步。我所提倡的餐配茶，并非上述那些口味乱搭。比方说，主打粤菜系的餐馆，与主打川菜系的，其适宜的配茶或应有所区别。淡妆浓抹各有味，盲目融合不可取。我认为经营者既要懂食，又要懂茶，从食材、菜系、茶性、视觉等角度出发，构建一个成熟的搭配体系。与此同时，有的顾客期待专业的配茶建议，有的顾客则更情愿自由配茶，那么在茶餐固定和自助式搭配上也需要一个平衡。

行业标准的意义是让从业者有章可循，有标准方案可执行，能明白什么是好，什么是不好，同时也给消费者一个鉴别指南。我希望这本书是这个行业标准的先行者之一，在此基础上，将来有更多的有心人去细化、去完善，令餐配茶行业更加规范，也更有创新的活力。

玉味简烹 · 餐配茶

煎莲藕
鹧鸪粥　天台云雾
年年有鱼
蟹蟹有你　慧苑坑肉桂
酸辣海参汤
白玉怀春　慧苑坑肉桂
虾生　白毫银针
妙豆芽　安溪铁观音
花椒玛球　白毫银针
妙芥河一片
松茸兰一片红
茄□汤

简烹工作室餐配茶菜单

餐厅用好茶的经济账

茶的品质关系到中国国饮的传播成果。为什么这么说？因为一直以来，大家外出用餐，不管是高端餐厅还是普通排档，茶都是很边缘的角色。不收费的茶，有的只能用来涮碗，有的稀到和白开水差不多；收费的茶，也不见得多好。

现在大多数餐厅对于配茶不太重视，很多还是从节约成本的角度出发。许多高端的餐厅茶费收得并不低，用的茶却极其便宜。什么样的茶算好茶？第一从口感上来说，不管哪类茶，不苦不涩、没有难受的杂味是基本要求。第二从价格上来讲，不管哪类茶，价格太低肯定好不到哪儿去。按现在的人工成本和物价水平，较高品质的茶，原则上1斤应不低于1000元。当然，有时出很多钱也不一定买到好的茶，这就需要懂点行情、有点眼力。

那么为什么我建议餐厅用好茶？其一，从成本上算，用好茶的成本其实没有增加多少。1斤茶叶按3000元计算，可以用100泡。1泡茶也就30元，够10位以内客人饮用。其二，好的茶清香甜雅，耐泡度高，而且能和菜品相得益彰。作为每一道菜中间的过渡，茶可以起到清口、重新打开味蕾的奇效，无形之中为菜品增色。其三，从利润潜势上说，一杯好的茶能带来实际的客流和外卖收入。客人喝到一杯好的茶，会记住这个餐厅，有时也会买走茶当作手信。无论是回头客，还是客传客，好茶是一家餐厅打造精品路线的省力杠杆。这就是一个餐厅要用好茶的理由。

家宴更宜餐配茶

家宴，应该说是所有宴请中最为隆重的。

这在东方和西方都一样，但有些人忽视了家宴的重要性与尊贵性。现在，比较有身份的人是不轻易请人去家里吃饭的；一旦请了，就代表主人很重视你。

往往很多被邀请的人倒不懂得尊重自己。一般主人设宴肯定会备酒，热情洋溢地敬酒，客人稍微刹不住就会喝多；一旦喝多了难免就丑态毕露，说话也没礼数。去别人家赴宴最需要注意礼节，包括说话的音调、方式等。

这一切在酒喝多的情况下都变得不可控，宴请的主人如果碰到客人酒后闹腾，也是苦不堪言。经常有人会说："人生得意须尽欢"。但我会回他们一句："乐极生悲"，所有的美好要适可而止。而且东家女主人花了很多心思与精力伺候一桌美味，看到一群人光顾着喝酒、吹大牛，菜做得好不好吃也无所谓。这样，哪个女主人还乐意伺候？还有一个重要的隐患：万一宴请的客人喝多了，酒驾被捉，主人肯定非常内疚。

如何才能让一桌家宴在有理有节的欢声笑语中结束呢？那就用茶代替酒，把茶配出讲究、配出名堂。比如可以先解释一下，"今晚为了让尊贵的朋友更好地品味我家夫人或专请某某大厨准备的佳肴，就不喝酒了，我特意找了几款名茶来以茶代酒。"如果能这样进行，那么家宴肯定妥当融洽，宾主尽欢。

所以，我提倡的餐配茶不仅针对经营者，家庭宴请也适合。

餐配茶是对一个顶级厨师的最高礼赞

我们有时候出去和一些厨师朋友交流，大多数厨师会很热情、用心地准备食材，挖空心思想把最好的手艺、味道呈现出来。但很多人还是习惯于过去的应酬恶习，一定要敬厨师几杯酒，这边敬来那边敬去的，以为这样就是对一个厨师的尊重，其实不然。

我也算半个厨师。我亲自下厨招待客人，最看重的是他有没有认真吃我做的每一道菜，有没有用心体会我每一道菜要表达的内涵；敬不敬我酒没关系，有没有把我的菜吃完才是关键。

我相信每个对厨艺有要求的厨师，应该有差不多的心理。用心品味食物才是对厨师最大的尊敬。那么这个问题和餐配茶有什么关系呢？这里头有莫大的关系。

从美食的角度来说，我们一群人是约好去品某大厨的手艺的。只要餐桌上有酒，基本上这餐饭的后半段已经没有多少人花心思在菜上了。因为酒容易让人兴奋，让人喜欢表达自己，没喝酒前"我是上海人"，喝了酒后"整个上海是我的"。这是酒的通病，也是酒的魅力，酒能让人快乐、开怀、增加感性，但品味是理性的、清醒的。如果是真正为了交流品味，或专程去感受某位大厨的手艺，那么餐配茶的意义就非同小可了。茶可以代替酒的礼仪，照样可以敬茶，可以碰杯。茶可以让你的口腔保持清新，可以让你消除疲惫感。茶可以让你自始至终记得此行的目的，用心品味。

所以，我觉得餐配茶是对一个顶级厨师的最高礼赞。

前些年，有从事中华文化海外推广的官方人员与我交流、探讨关于茶文化推广的问题。该官员问了我一个问题："茶叶本是世界上两大天然饮料中的一种，历史也非常悠久，怎么我们中国茶的普及性就不如咖啡呢？"他们在海外办过茶文化交流活动，请了许多茶艺专家、非遗传人之类的去表演茶艺，结果给国外友人看得一头雾水，最后还是来杯拿铁了事。我当时和该官员说："文化传播最好的方式就是通俗易懂，让所谓的'文化'走进对方的生活。比方说茶，它就是一杯饮料。一杯饮料的文化要想得到好的传播，你得让人家先喝上。喝多了，文化就来了。"我还笑说："假如你们有机会请我去国外传播茶文化，我会用最简单的方式去呈现。"

比如，我会用虹吸壶给他们煮茶，我会用手冲咖啡的形式帮他们泡茶，我会教他们用玻璃杯泡茶。不管采用什么形式，只要让他们喝的是中国的Tea就行。喝习惯了，文化自然就出来了。

一项事物在初始阶段的形态很关键，像餐配茶，如果一开始就画很多圈圈把它框住，那么很难善后。其实茶在餐桌上的呈现可以多元化，可中式，可西式。比如，一桌饭局是中规中矩的老人家居多，那么用传统的侍茶方式；如果一桌席上有许多年轻或时髦的人，又不喜喝酒的，或是官方公务宴请、不提倡喝酒的，不妨让茶用酒的方式呈现出来。据我多年的饭桌观察，现在的饭局中主动想喝酒的人不会超过一半，但是又得顾及礼仪。既然举杯大多是一种礼仪的表达，何妨以茶代劳？

再比如，西式感的呈现方式，像冷泡法的茶可以用香槟杯；岩茶或炭焙类的茶可以用勃艮第杯或洋酒杯；单丛茶或生普可以用红酒杯；白茶或其他绿茶类可以用白葡萄酒杯。泡茶的人可以穿西装也

手冲咖啡容器用来泡茶

虹吸壶也可以煮茶

可以穿礼服，分杯器也可以用分酒器呈现，一样可以让客人闻香、看茶汤。

这些呈现方式一旦打开了，茶走入大众的视野也就指日可待了。

各种杯子装茶

餐配茶，切忌本末倒置

做任何事情，要想做得顺畅，付出能得到回报，思路很重要。无论事情是大是小，在着手做之前一定要充分思考：我为什么要做？我想要的目的和效果是什么？把这个条理弄清楚了，做的就不会是无用功。拿餐配茶这件事来说，餐为什么要配茶？如果是餐厅的经营者，那么所有的行为都是为了给餐做好服务，为餐厅增加直接或间接的效益；如果是私人宴请，则是为了展示主人的厨艺或诚意。所以，一切的核心点是餐，也就是菜才是主角。无论是茶还是酒，都要让它来服务餐，来衬托菜，而不是相反。

我见过许多餐厅，一说到配茶，就找来一帮茶艺师，让茶艺师拼命地秀各种茶艺表演，黄袍土褂，披头散发，口中喋喋不休，介绍各种茶品，各种招数。这样美好的一餐宴席就变成了茶馆吃点心，这种情况是餐馆忌中之忌。餐馆和茶艺馆相比，重心在人身上而不是在茶艺、茶器身上。茶和餐都是为了服务人，让人吃得更享受，交流更舒心、更深入。所以，餐厅的配茶，不能用太烦琐的形式，让顾客觉得品茶、敬茶是一件拘束的事。

餐馆和茶馆相比，餐与茶的主次之分不同。餐厅的配茶，是来服务餐的，不能喧宾夺主。我们希望一杯茶能清除上一道菜留下的痕迹，让客人好好地品尝下一道菜。通过茶的助力，让客人更好地感受厨师的技艺和设宴组局的主人的诚意。从餐厅经营的角度来看，多喝茶有助于消食，还能多点几个菜；而且喝茶的客人比喝酒的更好伺候，不闹，用具损耗率也不高。

餐配茶所要的效果，是让茶润物细无声地服务好客人。让客人在不经意间感受到，一餐饭吃下来的舒服原来是和茶有关。让茶把每道菜的滋味充分激发或弥补，这才是餐配茶的正道，千万不可变成茶艺表演，那就本末倒置了。

茶餐搭配学

影响味觉的因素

提笔写这篇文章的时候，是写了撕，撕了写。因这本书相比于我的旧作，有了更多严谨、专业的数据和理论，这就容不得我信口开河了。

影响味觉的因素，这个题目太大了，所有味觉的产生都有相应的物质基础。人人知道，加糖则甜，添盐则咸。这就是不同呈味物质带来不同的味蕾体验。从生理学角度来说，人类可以感觉的四种基本滋味为酸、甜、苦、咸。酸味来源于各种酸的水合氢离子，食品中的酸味多来源于各种有机酸，如柠檬酸、乳酸等；甜味来源于各种糖及其衍生物，如人们最熟悉的天然甜味物质蔗糖，食品工业常用的山梨糖醇等；咸味是由小分子质量的无机盐产生的，如食盐中的氯化钠与加碘盐中的碘化钠；而苦味分布更广，生物碱、糖苷与动物胆汁均呈苦味。

此处的"呈味物质"必须有一共同特征——可溶于水。酸甜苦咸、人间百味，如果用一种比较不浪漫的说法来解释其发生原理，其实只是各自相对应的呈味物质溶于口腔涎水中后，对味觉感受器如味蕾进行刺激产生的反应。因此，物质的水溶性是呈味的前提条件，完全不溶于水的物质是无味的。嘴里含一颗巧克力，不过几分钟便融化消失，留下满嘴的丝滑香甜；含一颗石头，则无论地球怎样翻转，石头依旧难以消解，更别提有什么味觉享受。同时，呈味物质的含量必须达到人体可以感知的浓度才能起到呈味作用，称为"感觉阈"，即物质能产生味觉的最低浓度。虽然存在一定的个体差异，但总体而言，苦味的感觉阈最低，即最容易被感知；而后依次为酸味、咸味与甜味。此外，水溶性强的呈味物质带来的味觉产生快，消失也快；水溶性弱的呈味物质虽较慢令人感知，但消退速度也更慢。一般呈苦味的物质水溶性较差，呈酸、甜、咸的物质水溶性较强。这便是人们觉得舌根的苦久久不绝，而舌尖的甜稍纵即逝的原因。

除呈味物质本身的性质影响，温度也是影响味觉的重要因素之一。一般而言，随温度的升高，味觉体验会有所增强，最适宜的味觉产生温度是10～40℃，以人体口腔温度37℃为最佳。同样一杯糖水，刚从冰箱取出，饮入只会让人冻得直跳脚；刚刚烧开，饮入也只有灼烧的痛感，很难感受到甜味。在偏离适宜温度时，人们的注意力更多地被温度带来的刺激感夺走，很难再集中精力品尝其中的味道变化。

以上的分析都是针对单独一种味觉而言的，人类的食品大多是复杂的物质体系，存在多种协同作用。当呈味物质混合时，其结果并非是简单的味道叠加，多种味觉间存在相互作用，正是这些相互作用构成了五光十色的舌尖世界。比如苦味，本身并不是令人愉悦的味觉感受，但当与甜味或酸味恰当组合时，迸发出的特殊风味却让人无比着迷。南澳的珠瓜、潮汕的油柑、茶叶与咖啡，诸多带苦味的食品都成了新时代的成瘾品。而鲜味之所以不能单独成为一种味觉，是因为呈鲜味的谷氨酸盐等物质需要在其他味觉存在的前提下才能展现出鲜味，仅味精——谷氨酸盐一者并不能有此奇效，这也是盐与味精时常绑定出现的原因。

食材的搭配、烹饪时的调味，乃至本书的主题"以茶配餐"，本质上都是味觉的游戏。古往今来人们的经验积累，以理论知识相助，均是为了推动健康、舒适又愉悦的饮食观念向前一步。在研究茶配餐的过程中，同样需要对各种茶汤中的主导味觉体验和主要呈味物质做分析，再考虑茶汤与食物的相互反应，能否起到相辅相成之效。

希望本篇中简单的理论梳理，能帮助读者初步了解味觉的运作原理，在餐饮搭配时有更多的思考。由于五味变化之丰，一纸不可尽述，每位厨师、配酒师、配茶师都应在实践中积累自己的味觉记忆库，建立顾客的味觉偏好库，深深体会书外的味觉奥妙和功夫。

茶艺入门，要懂点化学

味觉补录：那些不是『味觉』的味道

上篇说到，生理学角度上将人体感知的味觉分为酸、甜、苦、咸四类。或许有读者会疑惑，辣味何解？涩味何解？鲜味与香味又何解？为避免贻误，另起一篇，讲讲那些不是"味觉"的味道。

生理学意义上的味觉，是经由味觉感受器的作用而让大脑感知的。人体主要的味觉感受器是味蕾和自由神经末梢，生理学意义上的味觉都能找到对应的呈味物质。但辛辣味不同，辛辣味是特定的物质刺激口腔黏膜、鼻腔黏膜、皮肤及其三叉神经时产生的一种感觉。这就是用手沾豆浆，大脑里不会感觉到豆浆味；但用手摸小米辣，却会疼痛不止的原因。此外，高温和辣椒素都可以通过打开同一种受体，从而激活神经末梢，最后传递到大脑的温度中枢和痛觉中枢，这也导致吃辣时常常满头大汗、热痛不止。因此辣味并不能称之为一种味觉，顶多是一种痛觉或触觉。

涩味亦然，是口腔黏膜的蛋白质受到某些刺激而凝固时，产生的一种收敛感。食物中广泛存在的单宁、咖啡因、茶多酚等，都有如此的效果，此类物质多为多酚类或多酚衍生物。由此看来，涩味其实也是一种触觉，不能称之为味觉。

鲜味的产生原理，前文已有略述。鲜味虽然也有对应的呈味物质，但均需要其他味感的物质相配合才能起到呈鲜效果；当不存在其他味感时，鲜味也不复存在。因此有理论将其列为风味增强剂或强化剂。但因鲜味确有其对应的呈味物质，且也是作用于味觉感受器而起呈味作用，故也有理论将之列为"第五味觉"。

香味则是一种更广泛的风味体验，几乎可以与任何味型搭配出现。"好香啊！"是对料理最真诚的赞扬，也是对菜肴成功勾起食欲的肯定。但香味更多是气味上的形容，主要贡献者是各种挥发性物质，如偏短链的脂肪酸等。中式菜肴多经加热，温度更能促进挥发性风味物质的逸散，这也令香味成为菜肴的第一印象。

为了分享餐配茶的思路，在后续文章中不局限于生理学意义上的味觉，而是大众印象中的"味觉"均有配法分析。理论研究的最终目的，是为了创造人类福祉，过分囿于理论学派会让自己吃得不舒心。但毕竟理论是实践的引航，实践又是理论的基石。我非学院理论派，只是在生活中多花点心思、精力，找些资料，做些实践，形成了一些阶段性的心得和成果，在此留录。

路漫漫其修远兮，吾将上下而求索。以上为个人见解，未必毫无偏差。期待更多同行、研习者或爱好者们拿出更好的理论方案，来推翻或补充我现有的体系。或有朝一日，我能推翻自己的旧理论，也未尝不可。

味型搭配[1]

如前文所述，餐配茶是味觉的游戏，如锁钥、拼图，或是某种偶发的化学反应。餐配酒人们早已拥有许多经验公式，如啤酒炸鸡、白葡萄酒生蚝等。搭配的铁律都逃不出"意气相投，互相成就"八字。但对于茶饮与餐肴的搭配，尚少有人系统性地进行各种尝试与剖析。本章将菜品主导的味觉分为酸、甜、苦、辣、咸、香、鲜七种，经过反复实践与理论查证，总结出一套笔者目前较满意的排列组合，为对茶配餐感兴趣的读者提供参考。

啤酒与炸鸡之所以能成为灵魂伴侣，一是因为啤酒中的麦芽香气直接而热烈，与炸鸡中油炸的脂肪香气毫不冲突、一拍即合，此谓

---

[1]　"味型搭配"8篇部分参考：张晓鸣.食品风味化学［M］.北京：中国轻工业出版社，2009；江波，杨瑞金.食品化学（第二版）［M］.北京：中国轻工业出版社，2018；沈明浩，谢主兰.食品感官评定［M］.郑州：郑州大学出版社，2011.

"意气相投"；二是因为酒花微妙的苦甘能有效化解炸鸡的油腻，此谓"互相成就"。生蚝与白葡萄酒同理，白葡萄酒中单宁含量较微，因此涩味很弱，不会过度强调出生蚝中源自海鲜的刮涩感；而白葡萄酒的甜润也与生蚝的鲜甜合拍。在研究餐配茶时，大体的思路也是如此。比如，在为甜味主导的食物配茶时，首先考虑的便是甜味突出的红茶与花茶；而对于酸味食物，联想到的也是经高程度发酵的黑茶、熟普类。更详细的分析，见以下各味分篇。

需强调的是，本章所述的搭配方法仅仅是较具有普适性的方法。饮食文化源远流长，各种佳品良肴不会仅局限于单一的味觉体验，也会存在超出常规搭配思路的惊喜组合。因此，敬请各位读者勿把本书视作金科玉律。只有不断精进理论与搭配实践，才能形成每个人心中最完美的搭配法则。

黑茶

味型搭配之酸：

酸味在菜肴中多以刺激性味觉呈现，且持续时间较长。对于酸味主导的菜品，推荐搭配黑茶、熟普洱或其他高年份的茶。

茶叶中含有各种多糖，是极佳的发酵培养基，而由糖类开始的发酵，终产物中会含有各种各样的酸分子。黑茶、熟普等陈茶，在生平中都逃不出一环——高程度的发酵。因此茶汤中必定含有比低发酵茶更多的有机酸，在饮用时的呈酸感更强；同时，由于茶叶中的多糖种类各异，发酵路线也各不相同，最终形成的酸分子并不相同。各种酸分子的交织，避免了酸味过于单薄的尖利感；在发酵过程中常有酵母菌的参与，也是茶汤中有糯感、似酒香的原因。种种因素交融汇聚成此类茶叶温婉醇厚的茶汤。

对于黑茶与熟普洱茶而言，渥堆是它们最主要的制作工艺。茶叶在含水、适温与低氧浓度的环境下快速发酵，产生迷人且独特的风味；氧化酶的参与，也使呈涩味的儿茶素氧化成茶黄素、茶红素等有色物质，从而使茶汤呈红色。而其他高年份的茶叶，则是在经年累月的储存中悄无声息地转变，在时节如流中褪去了青涩锐利的一面，更添包容之感。此类茶汤，入口微酸但回甜，水体糯香、醇厚。以此类茶叶搭配酸味菜肴，既在味觉体验上互不冲突，也能在结尾时快速了结余味，以最佳的口腔状态迎接下一道菜肴。

酸味食材

宫廷熟普

味型搭配之甜：红茶或花茶

高品质的茶叶，其实都带甜味。因为各种多糖本就是构成茶叶的基础物质，只是因发酵程度高低与制作工艺的不同而略有差异。但其中，花茶与红茶或许是和甜味菜肴搭配的较佳选择。

花茶与红茶都属于甜香型茶，二者的甜味来源有所不同。红茶是一种高发酵程度的茶，在其氧化过程中，各种多糖物质分解为甜味更强烈的单糖和多糖。而这些糖类经红茶的重火烘烤工艺，会发生焦糖化反应，产生一种类似太妃糖的风味，且具有浓烈的挥发香气。红茶的发酵程度较之黑茶又稍弱，所以保留一定含量未完全氧化的儿茶素和其他多酚类物质，多酚类物质特有的涩感与收敛感能很好地化解甜食的腻味；而红茶主要的味觉体验——香甜，又不至于与甜味菜肴有冲突。因此，红茶与甜食或甜味菜肴是非常合理且舒适的搭配思路。

花茶的甜香味则更多来源于外来花香物质的调和。比起舌尖的甜味感受，更多的是各种花朵的芳香气息，在鼻上端的嗅上皮处被感知，并与口腔的味觉体验共同构成风味。

以茉莉花茶为例，其关键的窨制工艺为将茶叶和鲜茉莉花进行拌和与适当的加热，从而使茉莉花的香气转存至茶叶中。窨制的次数越多，茶叶中的鲜花气息越浓厚芬芳。如福建的名产，经九蒸九窨而成的茉莉花茶，更是香气悠远、沁人心脾。而且花茶的茶叶多选用发酵程度较低的绿茶，因此花茶既保留了一定的收敛感，又有同样的花果香甜气息。试想在宴末的甜品时间里搭配一杯九蒸九窨茉莉花茶，定能携满口的清香而清爽归家。

糖制品

金骏眉

奶制品

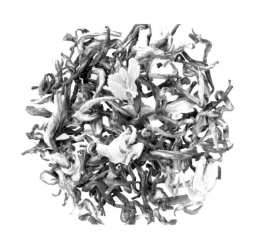

茉莉花茶

味型搭配之苦：生普洱茶

苦味的菜肴在整桌宴席中，出现频率并不会太高。而如前文所言，苦味在口腔中被感知的速度虽最慢，但余留时间也最长。因此，在考虑搭配苦味菜肴的茶水时，不仅需要匹配味型，还需减少苦味在口腔中的停留时间。综合以上的因素，推荐以绿茶类的生普洱茶来搭配苦味菜肴。

生普洱茶在制作工艺上与绿茶类似，未经过渥堆等高度集中发酵过程，热加工的时间也较短，故保留了较大量的氨基酸、多糖以及茶多酚。尤其是乔木型大叶种生普洱茶，茶树经岁月的锤炼，使茶叶中的有效成分较之灌木茶、"菜茶"丰富得多。与其他茶种相比，较高浓度的氨基酸和多糖赋予了生普洱绿茶般的鲜爽甜香，而茶多酚又令口腔后端平添一抹甘苦与艰涩。这份苦涩正与一些苦味菜肴或药物香型菜肴相匹配，但生普洱茶极具冲击力的鲜甜又能使口腔中残留的苦味与怪味消失殆尽。

苦刺心

苦瓜

生普

生普洱茶是极具生命力的茶种。参天的古树，温柔的工艺，通通汇聚于茶汤中勃发的鲜甜。而人类随着生命的流淌，对苦味的认知也会悄然改变。襁褓婴儿时对苦味的厌恶是先天性的自我保护机制，而随着生活经验的增长，此种厌恶也逐渐转变为钟情。所以，苦味菜与生普的搭配，仿佛是生命力的碰撞。行文至此，想食一碗芥菜羹佐以昔归古树茶的欲望达到顶峰，停笔觅食去。

味型搭配之辣：浓香型乌龙茶

辣味并不是一种生理学意味上的味觉，因此能与任何味型搭配。香辣、酸辣、甜辣，等等。辣味成为味觉享受之外的精神享受，是一种刺激性大、成瘾性强的体验感，正在席卷全国各地的味蕾。针对此种强存在感的饮食体验，笔者建议搭配以浓香型乌龙茶，如炭焙铁观音或岩茶大红袍。

浓香型铁观音是在清香型乌龙茶的基础上，加以重火或多次反复的炭焙工艺而得的茶款。炭焙铁观音茶如其名，是铁观音再经炭焙而得的茶叶。岩茶大红袍也同样需经过多次焙火。这三种茶款共同的特点是叶片干燥度非常高，含水量低，甚至可低至2%~3%。而当叶片中水分含量低时，高温下许多物质便容易发生反应。一部分随高温而氧化分解，另一部分残留的多糖类在焙火温度下易如红茶般发生焦糖化反应，并溢出聚集于叶片表面。因此，此三种茶叶冲泡时爆发力极强。在前几次冲泡时，风味物质便争相融出，形成了浓酽

辣椒

生姜

大红袍

饱满的茶汤。但它们不耐冲泡，属于集中爆发的冲刺型选手。此种冲击之力恰好与辣味菜肴非常适配，茶叶固性的收敛感能快速镇定因辣味刺激而扩张的口腔黏膜与微细血管，迅速降低辣味带来的灼烧感与痛感，使之化为甘香。

文末温馨提示：辣味总归是一种痛觉，搭配茶水时切忌温度过高，建议冲泡后略微降温再搭配食用，方能有奇效。否则效果便如吃辣后喝热水，再谈不上味觉享受，只会痛上加痛。

味型搭配之咸：清香型乌龙茶

咸味可谓一众调料之基石。如果余生只能携一种调味品度日，我一定会毫不犹豫地选择盐——最好是玫瑰色的那种。但咸味的普遍问题在于用量过多易发苦；而用量合适时，随温度下降也容易发苦。故在茶叶搭配上，我推荐有甜感足以带走咸的余味、但甜味不至于喧宾夺主的平衡型茶款：清香型乌龙茶中的铁观音与凤凰单丛茶。

乌龙茶是一种不过分发酵、也不过分烘烤的茶叶。若茶有人格，则乌龙茶必是一种"中庸"的茶叶。清香型乌龙茶属于高香型茶，其特有的摇青、碰青工艺使茶叶中的可溶性糖析出较多。而乌龙茶又属于半发酵型茶叶，介乎轻焙火与重焙火之间，其中呈苦涩味的多酚类物质随着氧化较之绿茶有一定程度的减少，部分转化为香叶醇、芳樟醇等，此类物质造就了乌龙茶特有的克制、优雅的芳香气质与醇甜享受。因此，乌龙茶的汤水与咸味菜肴搭配时，能有效降低口腔中咸感的硬度，并代之以甘甜。

广、福二地的人群对于铁观音和单丛茶有着特殊的情感。这两种茶早已经渗入两地人民的生活场景中，但或许是类似于近乡情更怯的复杂情感，仍有部分人群不接受将茶水与餐桌作配。对此我想说，任何改变都伴随着阵痛，一旦能跨越心中的刻板印象，打破铁观音与单丛茶囿于工夫茶形式的现状时，或许更有助于这两种精彩茶叶的推广。

盐和鱼露

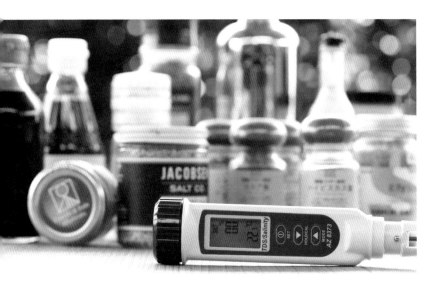
盐度计

清香铁观音

凤凰单丛

味型搭配之香：
白茶

"香"这种风味体验，是饮食届的哈姆雷特。一千位厨师有一千种对香的认识，一千位食客也是如此。但万变不离其宗的香之本质，是油脂、糖分等经高温加热后的愉悦气息，这也决定了香之后常伴随着腻味与疲惫。白茶是一种在香味上不输分毫，而又有强解腻能力的茶种，因此推荐用白茶来搭配香味菜肴。

白茶的加工工艺，可谓所有茶种中最原始、最自然的一种。从采摘到成品的整个过程中，较少引入人为干预的炒制或发酵，更多是依靠茶叶内氧化酶的活性来形成风味。也因此，白茶成茶后的品质有一定的"盲盒"属性，即使是同一产地、同一制作团队，每年的出品质量也很难做到完全均一。但也正因这种随性散漫的路数，铸就了白茶最鲜明的青草气息。品质达标的新鲜白茶，汤水清冽甘醇，且带着阳光的自然滋味。而因白茶工艺中并未特意强调中止发酵过程，它们在存放过程中的变化也非常明显。其叶片中大量的属多酚的黄酮类物质经三两年的自然氧化后，汤水更加稠滑。此外，白茶的芳香物质在加工过程中损失较小，在存放过程中又有黄酮类物质抗氧化效应的加持，故白茶常有"越陈越香"之说，老白茶也因此得势兴起。

总结来说，白茶自身的香气足以与菜肴的香气比肩，同饮时不显违和；而其中存留的大量多酚类物质也能起到解腻提鲜之效。

不过，白茶是一种极纯净的体系。老白茶这一概念，存放得当可称为"茶"，醇香清爽，有醒神愉悦之效；存放不当只能称为"毒药"，杂味横生，说不好还有蚊虫叮咬，饮来不说什么滋味享受，不在卫生间扎根都是走运。其他茶类其实也是如此，各位看官在饮茶时还需遵循自己味蕾的第一体验，切莫为教条所累。

香味菜肴

白毫银针

味型搭配之鲜：
江南清香型绿茶

提到"鲜"，人们联想到的多是海、河、湖与鱼、虾、蟹。事实证明，人民群众的经验积累往往超前于理论研究。产生鲜味感觉的重要化合物是谷氨酸盐与几种核苷酸，而氨基酸与核苷酸在鱼、虾、蟹中大量存在。因此，考虑与鲜味搭配的茶款时，可优先选择同样氨基酸与多酚类物质含量高的绿茶。

绿茶的制作工艺也较为简单，发酵与热变性程度都比较低。但相比于白茶，经过了炒青一步，茶叶中的蛋白质与多糖均有一定程度的分解，但又不至于因长时加热而消耗殆尽；即蛋白质分解进度只行进到产生多肽与氨基酸，同样多糖也部分分解为更短链的可溶性糖。这使绿茶成为各种茶款中氨基酸含量最高的一种茶，所以与鲜味相配性极佳。而且绿茶中同样有大量多酚类物质，强烈的收敛感与清新感也能中和海鲜河鲜的鲜腥腻味。

生鲜刺身

六安瓜片

写到这里，可能会有读者提出疑惑，前面不是说苦味型搭配绿茶吗？那么我再啰唆一下，中餐配茶有意思的地方就在于变化入微。绿茶是我国覆盖面和饮用范围最广的一类茶，相同的制作工艺，因地域不同、茶树品种不同，制作出来的绿茶在口感、香气、内含物质上千差万别。所以在搭配上，会从一种大茶类中细分出不同的品种来搭配不同的食材或味型。

至此，针对不同味型适配茶种的分析已基本完成。实际上菜肴的味道，尤其是多配料的熟食烹饪，常常是以上多种味型的复合。酸味菜有甜酸、咸酸，辣味菜有香辣、咸辣等。对于简烹偏原味的菜肴主味型突出的，容易对号入座；对于多种味道强度相当的，尚需具体对待，看你想用茶来强化其中哪一味，或弱化其中哪一味了。如今茶饮也兴复合调配，将多款茶的秉性融合相辅，那又是另一门学问了。

食材搭配之肉类

前面几篇讲述了不同味型所适配的茶叶。这套搭配法适用于主导味型突出的食材，但有些食材自身的气味和滋味，实在难用单一的"酸""甜""苦""辣"来定义。如羊肉，喜爱者称天下无敌香，厌恶者称宇宙无敌臭；海货同样，有人说鲜美非常，有人说腥得反胃。因此，为保实际操作的便捷性，接下来将从食材角度出发，谈谈各类食材适合搭配哪类茶叶。

人类常食用的动物肉类有鸡、鸭、鹅、猪、牛、羊，前三者曰"禽"，后三者曰"畜"。各种肉的滋味呈现不同，主要源于脂肪酸组成与碳水化合物等含量的差异。人们觉得牛、羊有"骚味"，而猪、鸡、鸭、鹅稍佳。羊肉的膻味来源于其脂肪组织。在羊的瘤胃中，摄入的脂肪被分解为大量不饱和脂肪酸而沉积在羊肉脂肪组织中，此类短链脂肪酸具有较难闻的气味。牛肉令人不愉快的气味同样来源于短链脂肪酸及其衍生物，其中的丁酸与异丁酸具有类似

牛肉

于奶油变质的酸臭味。这两种肉的气味是生即带来、死不携去的，无法完全消弭，顶多随品种、性别、生存条件差异而略有高低。因此，在享用牛肉或羊肉时，推荐搭配较重焙火的乌龙茶叶，如炭焙铁观音、武夷岩茶或炭焙重火的单丛茶等。此类茶叶经焙火后，茶汤饱满而存在感强，足以与牛、羊膻味抗衡；而半发酵的乌龙茶类又能提供适量的多酚类，有解腻去膻之效。或许有读者存疑：膻味重的肉类，是否应用清新爽口的白茶、绿茶类来冲淡余味？但凡事过犹不及，用至纯至清之茶水来配厚重的牛羊肉，不仅难以起到清新互补的作用，反而容易凸显牛羊的脂肪异味。

至于猪肉，其膻味多来源于公猪的雄烯酮，即人们常说的"激素味"。这也不是猪肉不可洗脱的原罪，只需阉割后即可改善。生猪肉中的碳水化合物含量在猪、牛、羊中最高，这也提供了额外的纯甜口感。而鸭、鹅肉令人不愉快的气味，多数来源于宰杀过程中不规范操

猪羊肉

鸡肉

作导致的血液残留氧化，或储存不当带来的脂肪氧化臭味。猪肉与鸡、鸭、鹅肉的异味都是可以通过改善宰杀与储存条件来消除的，属于可控制因素。此类轻异味的肉，可以化繁为简，以单丛茶或青普洱茶搭配，因为冲击感过强的茶水反而容易减损它们的风味。

话说回来，凡事应根据实际情况调整，绝不能认死理不改变。上述及后文的食材搭配法则，是在调料与加工都较为谨慎的前提下讨论的。如果牛肉超级红烧，或鸡肉极其香辣——那还是搭配可乐为宜；毕竟此种情况下，满嘴皆是酱油、味精或辣椒素，连肉的本身滋味都很难捕捉到，更遑论与茶水搭配了。在此还是呼吁各位读者，在日常饮食中适当控制调味料的介入，尤其是对辣的嗜好性。吃辣犹如蹦极，今日蹦五百米面不改色，明日就需蹦八百米才能稍微快乐。嗜辣成性的口腔，感知其他味觉的阈值也逐渐上升，很难再捕捉食材搭配与餐茶搭配中幽微变化带来的无上享受。偶尔为之，细水长流，健康的口腔才能伴你在人生的长河。

单丛

岩茶

食材搭配之水产类

鱼、虾、蟹、贝类菜肴应与什么饮品搭配，自古以来是老饕们的难题。与红酒搭配，激出满嘴腥味；与可乐搭配，鲜甜荡然无存。其中奥秘，还得从海货们共有的风味物质说起。

水产品大多含高蛋白，氨基酸结构合理，脂肪、胆固醇含量较低，并多为不饱和脂肪酸，是一类消化性能好、营养价值高的食材。但它们因为水分含量高、组织内酶活性强的特点，在离水失活后会快速发生品质上的变化，通俗点说，就是产生了"腥味"。

腥味形成的途径主要有以下两种：一是脂质的氧化分解，二是氧化三甲胺的还原。脂质的氧化速度受许多因素影响，如水分、温度、脂肪种类和含量、各种催化因子等。水产品中不饱和脂肪酸居多，不饱和脂肪酸比饱和脂肪酸更易氧化；鱼肉中的铁离子、血红蛋白、内源酶也会促进脂质的氧化，产生哈喇味与挥发性短链脂肪酸的异味。氧化三甲胺是鱼体内特有的、与其他动物相区分的物质。当水产品失活后，本身无异味的氧化三甲胺会在储存条件下生成强烈腥味的三甲胺、二甲胺等物质，再与醛、酮等协同作用，可谓腥臭无比。现有研究表明，当食物中铁含量达到一定阈值时，再与水产同食会格外显出腥味；多酚类物质的收敛感，也会使腥味的存在感增强。

前面说了一些专业性的名词与理论，稍微啰唆一点。一旦厘清异味的机理，在搭配时便能有效规避错误。回到我们的主题餐配茶，烘焙程度高的茶叶内茶多酚、铁离子含量均降低，可以有效避免对腥味的强调；而烘焙程度低的茶叶虽然清新感更强，但因加工程度低，茶多酚与铁离子保留较多，并不适宜与腥味重的食材搭配。从食材性质上看，通常蟹、螺、蚝、鱼的腥味强于虾、贝，而鱼类中海水鱼、软骨鱼的腥味比淡水鱼、硬骨鱼更强。烹饪虾、贝时，只

鱼类

贝类

绿茶

要不是原料质量与储存过程中有大问题，大多是鲜甜味突出，因此以绿茶做伴即可；有些腥味较弱、新鲜程度高的鱼类也可以用绿茶搭配。而对于蟹、螺、蚝和大部分的鱼来说，还是使用炭焙乌龙茶搭配稳妥。

归根结底，一切的味觉掩盖都是治标，选择新鲜、异味淡的食材才是治本之策。以鱼肉为例，离海后应尽量避免沾水，清洗后送入冻藏前也需擦干水分，以免引起细菌和异味滋生。一旦食材鲜甜、无异杂之味，配茶上的可选择性便高了；一旦食材异味突出，需要用茶去中和或掩盖，那便是退而求其次，只能尽量选择最合适的茶品来让食材本身令人不悦的成分降至最低。我想这也是餐配茶的另一重意义吧。

碳焙铁观音

蟹类

甜点类 食材搭配之蔬菜、

把肉类和水产类讲完，我也算长松一口气。荤食类特征风味强、搭配踩雷率高，而本篇要讲的食材多有一副容人之雅量，搭配得当可锦上添花，稍有差池也是差强人意，不至于皱坏眉头。也因粉制、奶制、蔬菜食物对于茶饮的兼容性较强，本篇提供的餐茶搭配仅供参考，如能引发读者探寻出更多美妙的搭配，才是本书的意义所在。

奶制品与茶的搭配早已风靡全球，只观奶茶的长青程度便知。奶茶漫漫长路发展至今，红茶、乌龙茶、绿茶乃至花茶皆可作为茶底，可见茶叶与奶制品的适配程度之高。甜点亦然，与茶的适配程度极广；英国人搭红茶，潮汕人配单丛，都是看中了茶叶的解腻、润口效用。其中，我最推荐的还是红茶和花茶。此二者，一为浓郁，一为清雅。味型浓重者以红茶搭配，味感上相辅相成。比如，奶制品中的呈香物质为脂肪，且富含蛋白质，红茶残余的茶多酚能及时解

红茶配甜品

蔬菜

腻，又不会过分发挥多酚物质的收敛感与涩味，致使蛋白质沉淀，产生舌上的凝滞感。同时，红茶的焦香风味与奶制品、甜点均不冲突，具体原理在前文的甜味型篇已有介绍，不再赘述。而味型轻幽者，搭配花茶即可，既不会喧宾夺主，也能以些许花香来增添享受。如红茶般饱满热情的风味，反而会掩盖食物本身的韵味。

接下来谈谈各类蔬菜与豆制品。其实蔬菜与茶叶，有着"八千年前是一家"的渊源。同为人间草木，在许多茶叶的种植区，较低品质的茶叶常与农作物间隔而种。撇去洋葱、青椒等辛味类不谈，一般蔬菜的成分中多糖与水分占优，清甜甘爽是蔬菜们的共性，以白茶或清香型单丛类搭配即可。豆类的特殊鲜甜味，则来源于丰富的多糖和氨基酸。各种豆类中，不同的多糖提供了甜美之感，呈鲜味的氨基酸更添一抹飞扬的鲜滑。此种妙物，同样以白茶、清香型乌龙茶搭配为宜。

"搭配"篇到此告一段落。最后再次声明，所有的搭配法则仅供参考，请读者不必拘泥于各门各派的理论，更不必依照本书一步三回头。在健康、营养达标的大前提下，能让个体愉悦的饮食方式就是最适合个体的。在此谨祝各位读者早日寻得自己最合适、最满意的搭配方法，尽情享受饮食生活之美。

茶餐服务谈

服务细节决定餐配茶的品位和层次

许多事情万变不离其宗，餐厅经营的本质是服务行业，餐配茶便是其中的细分服务。任何服务要想做得好，必须以人为本。作为餐厅经营者，需要站在用餐人的角度，设身处地去考虑服务。

茶在一餐饭中是配角，要把配角做好，须细节上见真章。现在很多高端餐厅，席间虽有服务人员不断地斟茶加水，但做的都是机械化工作。只顾加茶，一上就是一大杯热的，顾客一不小心就会被烫伤；等到能喝，已经过去了大半天；喝不到两口，茶水又冷了；然后服务员又勤快地往每个客人杯中滴几滴热的——如此循环，客人整个晚上都在喝半冷不热的茶。这是细节有失。那么服务人员很多也是踏入社会不久，工作和人生经验不足，如果一味地要求他们去灵活应变或察言观色，并不现实。从根本上，是需要餐饮行业带头人、餐厅经营者不断观察、积累、记录服务中不到位的细节，总结出更加规范的服务流程和操作细则，然后培训服务人员按流程操作。这样才能真正地把茶更好地服务到餐中去。

这些年，我在简烹工作室做了无数次的餐茶搭配实验，也总结了一些操作规范细则。现将这些细则分享如下：

1. **配茶：** 根据菜单把茶搭配好，茶款数视用餐规格而定。高规格的用餐接待，可以一道菜一款茶；普通规格的用餐，可以只配三款茶或两款茶。

2. **侍茶员：** 一桌客人最好配一个专职的侍茶员。当然，也视餐厅档次、接客规格而定。

3. **报幕：** 每上一道茶，侍茶员简短地介绍茶名、品类和配餐的优点，字数控制在20字以内。例如，"这是岩茶，比较浓香，专门配红烧肉的"。

4. **上茶：** 待客人落座之后再上茶，以免茶汤过早冷却。

5. **茶杯**：不宜太大，50毫升左右即可。为保温度与口感，每一次茶杯不要斟太满，七分左右（约35毫升），一两口能喝完。

6. **茶温**：50℃左右，不冷不热，刚好适口。

7. **添茶**：注意观察全部客人喝完，再添；客人茶杯中有剩余过半杯的，倒掉后再添。

8. **换杯**：做到一款茶更换一个杯，可根据菜与茶的不同搭配不同的杯型。

杯小乾坤大

生活中的大小事情，简单还是复杂是由生活条件、认知经验和价值观所决定的。

我在写这本餐配茶的书时，有朋友看了几篇稿子说："标哥，你不是一直推崇简单生活吗？你不是还做简烹吗？怎么这次的书写得很复杂？不就是吃饭时配一杯茶水嘛，你怎么把每个细节搞得那么复杂了，这会不会自相矛盾？"我听完和朋友认真地做了一次交流解释，简是一种生活态度，是一种删繁就简的科学的生活方式。简，你不能理解成简单不用讲究、很随意的生活方式。简的意义，是把更多的精力、心思放在真正实用的点上，而不是像个无头苍蝇一样每天嗡嗡乱转不知忙些什么，或者把许多精力花在花架子上。所以，这就复杂了。

我提倡的简，是提炼，去芜存菁；是专注，直取要害；是精准，一击必中。由此衍生出的那些方法、流程都是为这"一击"服务。用最少的时间、精力去解决最重要的事情，而让自己有更多的时间去发现美，去享受拥有的一切，这才是简的真谛。

就餐配茶来说，我会排除那些装神弄鬼又和真正饮食无关的什么焚香耍杂之事，而把大部分精力放在如何更好地优化一杯茶，带给客人最体贴、最合适的体验状态上。常言道，磨刀不误砍柴工。细节就是那刀上的锈迹和缺口。比如，在选杯这个环节，我观察了不少打着餐配茶概念的高端餐厅。他们上茶的杯各有千秋、大小不一，有的大得像个碗。杯为茶之臣、茶之托、茶之衣，大小、材质、图案都会潜移默化地影响饮茶的体验。材质是陶瓷、紫砂还是玻璃，图纹是祥画、文字还是纯色，形状是高足、卧足、方斗还是圆融，展现的是茶不同的风情和触感。这些倒还其次，在实用方面最需注意的是杯的大小。作为宴席间的一杯茶，需要装多少水量？客人一

仿古茶杯和茶碗

口能喝多少？怎样的水量客人可以喝两口？怎样才不会喝到一杯剩茶？这些是有用的细节。

一般人一口的水量在15毫升左右，原则上倒茶不超过两口，也就是30毫升。那么30毫升的水需要多大的杯呢？原则上茶量以杯容量的七分为准，也就是40～50毫升的杯。这样的水量客人端起来喝刚刚好，太满容易溢出，太少喝起来又不舒服，这就是细节功夫。

茶在餐桌上毕竟是配角。如果杯太大，茶水太多，客人不知不觉喝多了，就容易有饱腹感，对于菜品不是个好的体验状态；如果茶水又多又烫，等半天又冷了，喝都不想喝，更别说配餐提味了，这是在做无用功。而如果杯太小，在餐桌上又容易被打翻和被忽略，端在手里的体验感也不好。

所以，生活无小事。餐配茶单是选一个茶杯都是需要科学丈量的，杯小乾坤大呀。

杯小乾坤大

餐前茶的选择

餐前茶的重要性犹如相亲，第一印象很重要。

如果是高端餐厅或私人宴请，客人有先来后到的。先到的客人，宾主寒暄，落座看茶。所谓"宴请"，其实客人第一杯接触的是茶。这时候的第一杯茶选择就至关重要了，从高规格的角度来说有几方面需要考量。

餐前茶的选择，以温和、刺激性低的为优。前来赴宴的客人大多已是饥肠辘辘，所以需要温和、润滑的一杯香茗来润润喉肠，为开桌做准备。可选白茶或陈年老熟普，或者主人特选的顶级茶。如果饭局涉及要品一道茶，最好是在饭前品，因为饭后满口腥腻，许多滋味是品不出来的。这是餐前茶的选择原则。

另外就是服务细节。如果是大热天，客人到来口干舌燥，那么茶汤的浓度宜提高，而温度降低；如果是冬天，客人进门饥寒交迫，则茶的浓度要降低，宜淡，温度可以提高。关于温度和茶汤量，可参考后面的量化细则。

为什么要为餐前茶啰唆几句？因为这是一个容易让人忽略的重要环节，古人云"进门看人意"，宴请时客人进门的前5分钟至关重要。一杯细心的迎客茶，能充分体现主人或餐厅经营者的温情，在这5分钟里给客人一个温暖的印象，让客人带着感动的心情进入一个美好的用餐状态，就已经事半功倍了，所以一定要把餐前茶的工作做好。

我经常碰到餐厅的侍茶员在泡茶时，用刚烧开的水大量地冲洗盖碗里要泡的茶，有些甚至还洗两遍。我问她们为什么要这样洗茶呢，是不是这茶不干净？大多数时候她们也不知道怎么回答，反正就习惯了，大家都是这么弄。我觉得需要把这个问题提出来。

我自己也是自小受到很多传统饮茶习惯的影响，泡茶时习惯把第一道茶倒去。潮汕饮茶有句俗语："头冲脚气，二冲有茶意。"人们往往会就着某些习惯不自知地去重复着，不论对还是错。随着对茶的研究和痴迷程度的加深，我有了更多的思考和体悟，慢慢地对"茶需要洗"这个问题产生怀疑。

在 20 世纪七八十年代以前，潮汕乌龙茶的制作工艺主要是靠人工，还没有机械化，在揉捻时是用脚的。人们想当然地觉得泡茶时需要洗一遍，这是心理上的自我安慰罢了。而多数人误以为洗茶能洗掉农残，更是可笑——农药多是脂溶性物质，一般是不溶于水的；如果用一冲茶就冲洗得掉，就不存在农残问题了。

事实上，我们喝茶喝的是这一片叶子释放的物质。在第一道茶中，这些物质的含量是最高的。第一冲茶汤的有效物质占整泡茶有效物质的20%，绿茶占25%以上，红茶占30%。特别是绿茶、乌龙茶中的茶氨酸，在第一道茶中的含量更是超过了大半。这些都是第一道茶的好处。

不过，很多人觉得茶叶很脏，要洗。茶叶从采摘到成品会经历很多道工艺，大多数茶最后一道工艺是高温烘焙或者高温炒制，比如乌龙茶要经过一二十个小时的焙制，这是一个杀菌的过程。况且，如果茶从源头上就不干净，那么洗一道也只是心理安慰。当然，在喝一些陈年老茶时，洗一遍未尝不可。如果陈年老茶表面有一些细灰尘附着物，冲洗一遍可以去除一些杂质，这是必要的；但如果老茶保存密封性好，头道茶可是非常美妙的。

头道茶可以喝，当然必须有一个前提条件——有靠谱的茶，也就是不能太便宜的茶。茶叶的质量级别越高越好，特级或珍品且密封得好，香气纯正，又无尘渣附着，这样的茶是不必洗的。

方寸间：泡茶的水温

经常有人会问我："我泡绿茶用85℃的水可以吧？"我会问他们："你为什么要用85℃的水呢？"他们会说："专家说的"或"教科书上写的"。

其实关于泡茶的水温问题，很多人喝了一辈子茶，真的没搞明白。茶叶我们喝的是浸出液，那么温度就要视茶叶的状态而定。

首先要明白温度的关键，在于临界点。85℃和95℃从某个角度来说没什么区别，是对很多生物活性有杀伤力的温度。很多人常说"泡绿茶85℃"，只知道绿茶叶片鲜嫩，要用低于沸水的温度，但他们没去研究水温究竟要多低才合适，以及为什么要这么低。这些没弄明白，你用100℃和85℃没有什么区别。其实，所有芳香物质的干制品，要想让它复活，完全地挥发出它的味道，就要去理解它的结构。比如鲜嫩的绿茶类，虽然是干的，但耐不起高温的损害。超过

70℃的水一冲泡，绿茶叶片表层就会快速熟化起黏液，形成一层糊状类物质。这些糊状类物质会脱落在茶汤中，导致茶汤不够清透细滑。而且第一道水温过高的话，把表层烫伤后，茶叶的中心就很难充分泡透，内含营养物质也很难真正泡出来。

所以，泡鲜嫩绿茶的正确方法是，先用少量常温纯净水或矿泉水把茶叶浸润，时间为1～2分钟；然后再加热水，此时有两种不同场合的加法。一种是在餐配茶的时候上茶，用常温水浸过后就直接用90℃或烧开的水冲泡。另一种是顶级的绿茶，三两知己品茶的场合，那么浸润后的第一冲茶最好用65℃水泡。这一道喝的是春天的气息，清润甜美。第二道就可以用高温冲泡，直接喝到茶的本质和来自那一方水土的韵味，往后都用高温泡无妨。这样泡的道理是让茶的中心点能够吃透水，它的核心物质才能溢出。

这个道理和浸泡食材做菜一样。比如泡干香菇，如果直接用高温的水浸泡，那么香菇的味道出不来，怎么泡它的中心都是硬的。真正好的香菇不但要用常温水，有时还得用冰水慢慢泡。有人会问："怎么泡老茶或重焙火的茶就可以用高温呢？"那是因为它们经过重火焙制或时间的氧化，物质结构已经产生质的变化，很多内含物质要么随着重火的洗礼烟消云散，要么已经充分萃取在茶叶外表，所以只消用高温的水把表面物质激发出来就可以了。但这种茶往往会在"狂风暴雨"之后快速消减，也就是不耐冲泡。

因此，泡茶的技巧在于因茶施治，不可一概而论。比如绿茶，还要看是什么绿茶，云南的生普也属绿茶范畴，但它就不适合上文所说的泡茶方法。下面我用表格来列举一下常见茶种冲泡的适宜温度和时间。

红茶、花茶、黄茶、绿茶类（生普洱除外）	
第一道水温65℃	浸泡30秒出汤
第二道90℃左右	10秒出汤
第三道90℃左右	10秒出汤
第四道90℃左右	20秒出汤
第五道90℃左右	30秒出汤
第六道90℃左右	1分钟出汤
注：以上方法是针对餐配茶时餐厅服务的泡法，尽量用统一简单的公式，若是品茶时泡法则另当别论。	

乌龙茶类：清香型单丛	
第一道水温85℃	10秒出汤
第二道至第五道95℃	即冲即出
第六道95℃	10秒出汤
第七道95℃	20秒出汤
第八道95℃	20秒出汤
第九道95℃	30秒出汤

乌龙茶类：清香型铁观音、台湾乌龙茶、漳平水仙	
第一道水温85℃	15秒出汤
第二道至第五道95～100℃	即冲即出
第六道95℃	20秒出汤
第七道100℃	20秒出汤

乌龙茶类: 岩茶（大红袍）、炭焙浓香型铁观音	
第一道至第四道水温90～100℃	即冲即出
第五道95℃	20秒出汤
第六道95℃	30秒出汤

白茶类: 福鼎白茶、银针、白牡丹	
第一道水温65℃	30秒出汤
第二道至第五道95℃	10秒出汤
第六道100℃	30秒出汤

白茶类: 寿眉	
第一道水温95℃	15秒出汤
第二道100℃	15秒出汤
第三道100℃	20秒出汤
第四道100℃	30秒出汤
第五道100℃	50秒出汤

白茶类：云南月光白	
第一道水温65℃	20秒出汤
第二道95℃	10秒出汤
第三道95℃	15秒出汤
第四道95℃	20秒出汤
第五道100℃	30秒出汤

这里重点说明一下黑茶。黑茶类主要是指茶叶存放一定年限，在自然氧化的状态下变成的老茶。茶多酚在充分的氧化下，令茶汤变成深褐色或枣红色。其实无论什么品类的茶，存放到一定年限都可转化为黑茶。后来人们为了尽快喝到茶叶陈化后的感觉，就人为地加速氧化，让茶叶快速呈现出老茶的状态，比如现在的熟普和湖南安化的茶。但人为快速熟化的茶和自然陈化的茶，性质变化是不一样的，所以冲泡方式也不一样。参考下表：

黑茶类：云南熟普类、陈年老绿茶（如潮汕揭阳的老炒茶）	
第一道水洗茶、不喝，水温70～80℃	即冲即出
第二道90℃	即冲即出
第三道90℃	即冲即出
第四道100℃	即冲即出
第五道100℃	20秒出汤
第六道100℃	30秒出汤

黑茶类：安化黑茶砖	
第一道水洗茶、不喝，水温100℃	5秒出汤
第二道95～100℃	10秒出汤
第三道95～100℃	即冲即出
第四道95～100℃	即冲即出
第五道95～100℃	15秒出汤
第六道100℃	30秒出汤

泡茶的温度控制

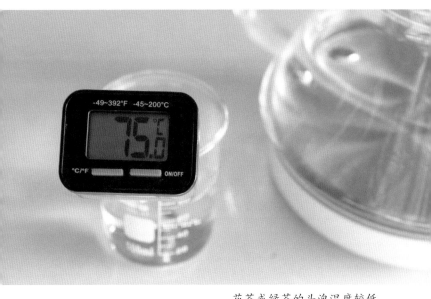

花茶或绿茶的头泡温度较低

黑茶类：生普、台湾乌龙、清香型铁观音、轻烘焙型单丛的陈年老茶	
第一道水温80℃	10秒出汤
第二道100℃	10秒出汤
第三道100℃	即冲即出
第四道100℃	即冲即出
第五道100℃	20秒出汤
第六道100℃	30秒出汤

以上冲泡的水温、时间是基于个人多年的冲泡实践和实验经验，并参考了诸多教科书和请教了许多相关专业人士所得。然中国地大物博，茶叶品类、形态、工艺和各地饮茶习惯不同，实难拿出一个放之四海皆准的公式和标准。上述方案只望给茶饮从业者或初学者一个入门参考，也期待更多有心人多加指点，提供更完美的操作流程和方法，我当以茶为谢。

方寸间：喝茶的温度

在茶圈子里混，常听到有人大谈"传统"。其实，我们需要好好理解什么是传统。传统是在某一特殊时期、特殊条件下形成的一种约定俗成的规律和套路。比如，在喝茶方面，有很多如今看来不够科学的传统观念。

我们不要轻易拿传统说事，举着"传统"的大旗容易闭目塞听，或断章取义。你认定的传统是从爷爷辈开始，还是从爷爷的爷爷辈开始呢？比如煮茶，如果早三百年前电力普及，有电磁炉和电陶炉，何须用费劲又有安全隐患的炭炉？还讲究什么橄榄炭呢？

所以，凡事学于先，变于后。学东西的确是从约定俗成的一些套路开始，即所谓的传统；但当学成之后，便须结合生活、时代，洞察学过的东西里有什么不符合现在的生活方式和条件的。

在传统的潮汕工夫茶里，泡茶是用沸腾的开水。这是针对过去的条件有限，喝的都是粗枝大叶的茶，营养成分单薄，只能用绝对的高温去逼出一点浓酽之味。而今喝的茶，讲究春茶头采、嫩芽、细作，用85℃的水泡足以出味。过去的工夫茶讲究喝烫嘴的茶，这更不科学，潮汕是胃癌和食道癌的高发地兴许与此有关。因为人体对温度的忍受度是有临界线的，38～45℃为人体口腔能承受的最舒适温度；45～55℃有痛感，但不至于灼伤；55～65℃就会中度灼伤；75～90℃会严重灼伤。食道的黏膜被反复灼伤是癌变的最大诱因。

有的人会说，不要危言耸听，七八十度我照样喝没感觉。他不明白，那不是没感觉，而是已经烫麻木了。20世纪八九十年代，因物资欠缺，人们口中寡淡，有口热的茶水也算是一种快感；加上那个年代衣衫单薄，喝口热茶也能驱赶身上的寒气。这是特殊条件下形成的习惯，也是一些人奉为至宝的"传统"。很多人照本宣科或拾人牙慧，不知其所以然，把一些混淆的信息当成不破真理。"尽信书，则不如无书。"我们需要好好理解"传统"，因时制宜，古为今用，通权达变。

说回温度，温度是餐配茶整个服务过程中极其重要的一环。若让客人喝到一杯冷茶，是大不敬；但若太烫，不只对人身体不利，也增加了经营的风险系数。万一有小孩或老人不小心打翻了茶杯，水温过高就会出事故。

一家高级的茶餐厅需要做到的，是恰到好处。一杯茶的温度，在倒茶时控制在50～55℃，这样万一烫到也只是轻微灼伤，有细微痛感，不至于有皮外伤；而等到客人端杯入口，刚好是口腔最适悦的40～45℃。这个温度的茶，香韵、甜润都能被感受到，让人毛孔舒张、放松下来。所以，温度的掌控也是泡茶人需要具备的能力之一。

温度是茶叶的生命力

方
寸
间
：
茶
和
水
的
比
例

这篇主要来聊聊投茶量的问题。

经常会有人问我："标哥，这茶我应该放几克？"其实，这个问题
很难用一句话、一个标准来回答。因为你的盖碗大小，泡给多少人
喝，泡的是什么茶，都会影响投放的量。只有先了解茶性、喝茶的
人数和场合，才能泡好一杯茶。

红茶类，经过重发酵、全氧化，茶叶的内含物质释放得快，所以茶
的投放量要少，泡工夫茶3～4克就够了。如果是泡一人喝的大杯
茶，放2克就够了。明白茶性很重要，红茶汤水通常甜且腻，如果久
泡还会变酸，所以一定要少量，泡的次数也要少。

绿茶类，如果用工夫茶泡法，原则上不能超过4克。绿茶虽是轻氧化
茶叶，但采用的是嫩芽，又经高温炒制，所以释放得也快。而且绿

茶在轻氧化加工过程中，大多数杀青不足，其中的儿茶素与酶的活性反应很容易造成茶汤中的苦涩成分渗出，因此也不宜多量久泡。

乌龙茶类的清香型茶，如凤凰单丛茶或铁观音，一般投6～7克。乌龙茶类以小乔木型，即水仙系大叶种居多，采摘以两三叶开面为主，加上整个繁杂的工艺流程和中度焙火，内含物质活性相对稳定又不过度，所以即使投放量较多、久泡也不会产生不愉快的味感。

需要补充一点，上述工夫茶泡法的量，是以3～4人喝的盖碗而言。盖碗的投水量90～100毫升，出汤量为80～90毫升。如果分三杯，每杯稍满一点，在20毫升左右；如果分四杯，则每杯稍少一点，在16毫升左右。以此类推，可按照盖碗大小增减茶水量。但有个原则性的错误千万别犯，就是"碗小茶多"。有些老茶客为了追求口腔的刺激，一定要把茶叶加得满满的，泡出一杯浓浓的茶汤；茶叶在盖碗或壶中，需要足够的空间去舒展，如果让它被挤死了，怎么给您好的味道回报呢？

下面以100～130毫升盖碗（出汤约90毫升）为标准，给出每一款茶投量的参考。通常情况下，注水100毫升，出汤量减少10%；随着冲泡次数增加，出汤量也会相应地增加。初学者可以参照此标准，按盖碗大小调节投茶比例；至于老茶客，按自己的口味习惯就行。

茶类	投茶量
单丛	6~7克
炭焙铁观音	5~6克
岩茶（大红袍）	9克
生普	5~6克
绿茶	3~4克
茉莉花茶	2克
白茶	4克
红茶	3克
黑茶熟普类	5克
安化黑茶	7克
陈年老绿茶（包括潮汕揭阳的老炒仔茶）	7克
云南生普老茶	7~8克
台湾乌龙、清香型铁观音的陈年老茶	7~8克
重烘焙型铁观音的陈年老茶	7克
轻烘焙型单丛、岩茶的陈年老茶	9克
重烘焙型单丛、岩茶的陈年老茶	10~12克

方寸间：倒茶

什么是细节？就是在人们习以为常的事情中发现一些细微不足之处，去改进和完善。一件大家看似做得差不多的事情，如果你的细节做到位了，被服务的人就会感到一种莫名的愉悦和舒服。

好的服务，是在润物细无声中让人感觉到舒服。比如倒茶这个环节，很多侍茶人动作硬邦邦，有时水流过急溅出杯外；有时客人正在相对交谈，她却硬插入两人中间去倒茶；有时倒完茶匆匆转身离去，水滴落在桌面或客人身上也不管。这种种细节都可能给客人带来丝丝不爽。

所以，即使是倒茶这件小事，也需要重视态度和发现问题，以下列出几个注意事项：

1. 与客人保持一定的距离，注意兼顾左右两侧客人的用餐与交谈；

2. 备好茶巾，侧身倒茶，一手执壶或公道杯，一手持茶巾背于腰后；

3. 茶快倒完时，以茶巾托住公道杯底部，以免茶水滴落；

4. 整个倒茶过程中，手臂要保持稳定，水流匀速；注意手臂不可从客人面前穿过，比如站在客人左侧而客人茶杯在右侧时，不可为图方便横挡在对方面前倒茶，而一定要移步至客人右侧去倒茶；

5. 倒茶完毕，缓慢后退，平行离开，在客人身后转移至下一位客人。

以上这些动作上的细节，体现礼仪是否到位。当然服务无小事，我相信还有很多需要注意的细节，期待读者来建议和补充。

倒茶始

倒茶中

倒茶毕

茶巾 方寸间：

餐配茶是餐饮服务中的加强版服务，所以配茶、用杯、洗茶、温度、倒茶等各个环节，都是服务的精细化。犹如衬红花之绿叶，舞台之幕后人员，稍有差池虽不至于翻覆舞台，但让观众如鲠在喉。

我们服务中，一些细小容易被忽略的动作也可能让客人感觉到一丝不悦。举个例子，我前段时间去上海，在兴国宾馆与黄斌总经理和几位宾馆管理者一起吃饭，顺便与服务人员交流把茶用在餐桌上的一些流程。我整个中午一直在观察服务员倒茶的细节。兴国宾馆作为国宾馆，接待高级的宾客、政要，服务人员的素质和礼仪应是执行业牛耳的。但是在我观察下，光倒茶这个环节，还有不少改进的空间。

这里先谈一个茶巾的细节。茶巾跟上分茶器，是一种服务的态度。刚开始，服务人员没备茶巾，经过我提醒、示范备上了，但倒茶和茶巾的配合很难到位。按我的要求流程是：侧身右手倒茶，左手持茶巾背于腰后；茶倒完毕，分茶器尚未移开时，需低下头、弯下腰，把茶巾拿出垫在分茶器底部，一直托着分茶器后退，转移到下一位客人。但在开始示范时，有服务人员就问我："我们这个分茶器很好，不滴水的，也要这样吗？"我和服务员说："动作做规范、做到位是一个服务态度。这是一种对自己的态度要求，跟过程有什么变化没关系。我们做服务就是在每个方寸之间去腾挪，尽力把每一个细节处理好。"

茶杯侧面是否沾水，桌面是否滴水，分茶器是否有水从壶嘴流入底部、再顺着倒茶动作流入下一位茶客的杯中，侍茶员是否手上沾水……这些是我们无法预估的，茶巾是为了保证整个上茶的过程中客人面前是整洁无遗的，茶汤也是干净无杂的。高标准的服务，对客人的尊重是从头至尾，对客人的关怀是滴水不漏。

正是餐饮服务无大小，方寸之间判高下。

茶点小议

茶点的哲学

前几章从餐饮业的角度，讲述了茶在"正式"餐宴上呈现的一些标准和建议。因为中高档的餐配茶行业，须是搭配有理、选择有法、创新有度、礼仪有节。如果以国画喻中餐，那么配中式茶的中餐依然是国画，或者改编合理的"新国风"；而不是像现在有些年轻人爱用奶茶配一切餐食，像打翻的调色盘一样，东西兼并，五味浑浊，辨不出画的原貌了。当代人虽然饮食物资更丰盛，但嗅觉和味觉的鉴赏力未必提高了。多的是被商业广告绑架，或被本土习惯掩蔽，而失去了对它们的自主判断和控制力。本章以茶点为切口，来谈谈茶和餐之间若即若离、主副变换的关系。

人类的发展总是探索、发现、总结经验，然后有新发现、推翻原经验，不断改良与进步的过程。大到火箭上天，小至生活的点滴，都是不断积累经验，不断往合理、科学的方向走。茶点是一种饮食方式，如何配茶？是不是必须有才叫正式的喝茶？它在一些地方以讹传讹。我见过一些稍微有点名气的文人或学者，未尝亲耕饮食，只查了几本古书资料就开始写美食、写茶道。遗憾"专家"为"装家"，写着空中楼阁，将错就错，误人子弟。殊不知，茶道、食道都是生活经验的累积，也须要靠实践来检验。正所谓，"常规的生活往前迈一步，多些实践和思考便是哲理"。

说些题外话，其实是为了引出对于"茶点"之形成的推敲。我在全国各地游走或蹭茶喝，或带着我的茶去蹭吃，到哪里都少不了约茶局，各地也不乏饮茶名家。但大多数时候我到了一看，只能拿出最普通的茶随意泡泡，聊当应酬。最大的原因在于茶点。许多主人为表隆重，在茶席上布置了各色水果、糕点、坚果、特产小吃，有些先到之客已经嗑起了瓜子。我经常把这种场合称为"茶话会"，开会的那种。重点是聊，过嘴瘾，席上道具都是为嘴瘾服务。

一种生活形态的存在有它的历史背景。倒退三十年，一块饼比什么好茶都来得重要，这是人身体自然发出的渴望。过去的茶会和现今的酒会作用相当，主要是聚会吃点心，泡个茶水来送。大伙儿点一壶茶，契阔侃谈，拿一块饼或一把五香瓜子便对付；如果是这样的场合喝我的老八仙，我死的心都有了。有些中国台湾、日本茶会结合茶道禅宗文化，西藏茶会还结合对歌、求偶民俗活动，茶点在不同茶会场景中起到不同的作用，对应的也有不同的要求。总的来说，要看核心是茶，还是餐：如果茶局不拘吃点心，那么茶水只是润喉、消食陪衬；如果茶会是正经赏茶，那么一点点心只是垫胃打底。而且配什么茶点才合适，在全国各地都有不同的习惯。

川式茶点有春卷、麻花、灌汤包，京式茶点有驴打滚、豌豆黄、艾窝窝，苏式茶点有马蹄糕、酒酿饼、蟹壳黄，广式茶点有虾饺、肠粉、叉烧包，等等。不如说，只要是点心，就能配茶。茶真是"有容乃大",主食副食无不可配,天南地北无不能容。这是我国多民族文化交汇之下的景观,但同时也提出了新的问题:如果配餐百无禁忌,茶与豆浆、汤水、咖啡有何分别?未来茶点在茶的世界里该如何展开,茶与餐还能碰撞出哪些新的火花?这些是值得我们去思考的。

品茶时该不该设置茶点

聊到这个话题，有很多朋友会笑说："就喝个茶，吃个点心，你干吗那么认真纠结呢？"听到这样的话，我一般不予争辩，默默感慨真正的爱茶人、惜茶人还是少。

真正的品茶，不说敬茶如神明，也是尊茶如君子。在我眼中，好茶乃天下至洁之物，容不得一丝一毫之杂味。所以，如果有同好约茶、为品而来者，切忌水果、点心、鲜花陈列，更忌桌面点着一炷充满化学香精的香，那是对茶之大不敬也。

那么有人会说："标哥，你胃好，喝几款茶都无事的。我们喝一两款茶肚子饿得哇哇叫，不吃点点心垫垫怎么办？"

其实我并不是一个独断专横的人，自古有茶点存在，就有它的道理。有些人喝多了茶会头晕、低血糖，这时候吃点点心也是合理

185

的。只是茶点食物诱人的香气、味道，与茶清雅的气息和味道相冲，通常会盖过或污染后者，夺走嗅觉和味蕾的优先注意力。果真如此，岂不违背了品赏好茶的初心？

那怎么处理呢？比如，今晚约好品四款茶，品完两款之后，大家可以起身、移座，稍事休息或走动，活动筋骨，需要补充点心的人可以在这时候进食，这叫"茶歇"。活动完，点心吃完，洗手漱口，重新归座；每人喝一小杯温水，然后重启品茶之盛事。这样让茶点在对的时候出现，哄哄肚子又不妨碍茶味，方为茶点的正道。

餐前该不该上茶点

上篇是讲纯粹的品茗会，这篇来侃侃餐宴前该不该上茶点。写这本餐配茶的书，其实就是在写饮与食的服务系统和细节。所以，无时无刻不在抠各个环节的合理性。

我经常去赴一些顶级私宴或某位名厨主理的大餐。很多地方的习惯是，客人来到，水果、点心一股脑儿端上来。对于我这种见不得眼前有食物的人来说是一种痛苦——这么好的水果、点心，不吃吧，浪费；吃吧，一盘水果、一块饼食下肚饱了一半。如果是在江南一带，问题就更大了，因为江南设宴讲究先上凉菜，还要八道。我以前参加这类宴席时，稍微忘记控制自己，等到主菜上来已经八分饱了，这时候味觉也已经有疲劳感了。

在这种状态下去品味一个大厨的名菜，实为不敬。从餐厅经营的角度来看，也极不划算。因为现在的人对于食物摄入的渴望和三十年前不一样。现在人们大多数物资丰盛，饮食过剩，容易有饱腹感。如果让客人还没进入正餐就吃个半饱，那么后面不仅菜点少了，对于味道的感觉也没那么美好了。

人在有饿感的状态下，吃什么都是香的，所以说服务也是一件与时俱进的事情。有了这些因素，在设置宴席时大可把餐前水果、点心省下，让客人的胃保持一个良好的状态进入主题。餐前一杯清香淡雅的茶足矣，可备少许坚果类，让叫饿的客人缓冲一下；不主动提出要点心吃的客人，上茶即可。让客人保持在口腔清净的状态下入席，这就是餐前茶的重要作用。

潮汕工夫茶
与餐配茶的前世今生

现在我们说到茶点，也不像过去那么茶和餐主次分明了。这是我国人民的生活和文化习惯演化带来的。某天晚上被朋友邀请到汕头传统潮菜的建业酒家吃饭，其间服务员频繁地泡上工夫茶。吃着喝着突然想起，这阵子一直埋头研究餐配茶，怎么倒把我日常生活中最常见的东西忘记了？论餐配茶的生活习惯无处不在的，可不就是潮汕地区吗？

从20世纪80年代开始，潮汕地区的大酒楼、街边小店吃饭都会上一杯茶解渴、解腻。虽然大多数餐馆配给客人的茶是粗枝大叶的下脚料，但这种习惯已经深入人心，成为一种传统。客人在吃饭时碰到太咸的用一杯茶解决，碰到淀粉类的也一杯茶解决。潮汕街边的肠粉、粿汁、粽子、粿制品店，普通民众为了用最省的钱充饥或解馋，吃一碟肠粉或一个粿不想配汤的，一杯粗茶便是解决之道。这是餐配茶最接地气的生活写照。粽子、粿儿，你可以叫主食，也可以叫点心。

近年来，随着生活水平的提高，无论是街边摊还是大酒楼，在用餐过程中一杯茶照样少不了，不过品质上有所提高。越来越多的从业者意识到一杯茶在一桌饭中的重要性，茶的潜力被重新挖掘。我也欣喜地看到潮汕地区茶在饭桌上的变化，越来越多的专业院校开展起茶与餐的相关研究和培训，在输送更多人才的同时，将这个行业更加规范化。虽然截至目前尚未有特别成熟的流程和成果，但我相信有群众基础的生活方式，有有心人的先行先试，餐配茶的科学应用在不久的将来必定会大放异彩。

许多餐厅有自助茶水供应

肠粉配茶

潮汕的茶配

古往今来，许多名词的形成和当地的文化、生活习俗息息相关。在潮汕地区，老一辈把主食以外的零食统称为"茶配"。其实许多零食并不适合配茶，而且大多数人吃零食也不一定配茶。但主要原因在于潮汕地区有喝茶的习惯，家家户户、人来人往都是以一杯茶作为待客之道，所以许多人在吃零食需要喝水的时候，往往是一杯茶水。一杯茶在潮汕，无论是殿堂楼阁还是乡野食肆，抑或市井街边皆是随手可得之物，所以潮汕人的许多生活习惯不知不觉就与茶搭上了关系，这或许就是真正的生活文化吧。

"茶配"虽然是个约定俗成的叫法，但如今它已拓展到各类零食了。潮汕很多零食的起源，其实与神鬼有关。潮汕人自古敬畏神明、虔诚拜神，祭拜的方式名目繁多，各种不同的神和祭祀礼仪造就了不同的供品和食俗。零食，尤其是各种甜食，更是因神而生。如果要给潮汕零食起个名号，我觉得叫"老爷小吃"（老爷：诸神仙的昵称）倒更贴切。

当然这是玩笑话。不管这些琳琅满目的小吃是怎么产生的，我觉得潮汕小孩是挺幸福的，永远有吃不完的小吃。而且虽然在整个潮汕统称为茶配，但每一个区、每一镇、每一村都有不同的品类。

所以，我在撰写本书时，想着也把潮汕的茶配搜集一下，当个记录吧。传统的茶配有饼类、糖果和凉果三种。特色饼类除了甜粿、咸粿，还有朥饼（猪油月饼）、腐乳饼、云片糕；糖果类有束砂（花生米裹白糖）、豆方（花生糖）、米方（炒米糕）、米润（类似沙琪玛）、明糖（芝麻糖）、南糖（软花生糖）、糖狮、瓜丁（冬瓜糖）、糖葱薄饼；凉果类有柑饼、柿饼、黄皮豉、加应子、五味姜等各种甘草水果和果脯。其他的潮汕小吃如酥饺、兰花根（小麻花）、猪肉脯也可作茶配。如今超市里的各色零食、各地特产、西式点心都纷纷上了潮汕人的茶桌。

真是喝一杯茶，桌上茶点都要摆不下了。

潮汕茶配

茶配选择法

在前面的文章中，我强烈表示不建议在重要的品茶场合中配茶点，但这一篇为什么又要写茶配的选择呢？很多时候，我们对于一个事物仔细分析和研究后得出的结论，可能与现实生活有一定的冲突，这时还得把理论放一边，先尊重生活的习惯，这或许就是生活的哲学吧。我期望我写的书尽量从客观、包容的角度去陈述，从对人们现实习惯的微调做起。习惯的变化总得有个过程，我们尽量在满足现有的快乐模式的前提下，慢慢地往更合理的生活方式和方法过渡，这才是我要写书传播的真正意义。

喝茶时的茶配究竟选什么？在这里先要区分出喝茶的三种场合。第一种是茶话会，就是借喝茶之名聚会交际。来客很多，虽然主人也会拿出几道茶准备着，但这种场合就不用太讲究茶配合不合适的问题了，只要能够充分体现主人的热情、用心就好。

第二种是半商业性的小圈子品茶活动，多是为了介绍、展示新茶或店家收到的满意的茶。这种场合的茶配就要慎重选择，原则上宜香不宜甜。因为高甜食物非常容易破坏味蕾平衡，甜食一吃什么茶喝起来都走样，特别是水果之类的不能上桌。最好选择坚果类，如花生、开心果等，或咸香型的豆制品。这些吃完后有一两杯茶的过渡，基本上就能恢复口腔的正常感觉。

第三种是知音品茶，这一种不带任何目的性，纯粹是共同爱好茶之人共品。这种就什么茶配都不需要了。因为一个真正爱茶的人，如果喝到一杯值得品的茶，是不舍得有任何其他异味的东西来破坏它的美好的。所以这第三种场合应什么都不配，一配就失去了品茶的真谛。有时候空也是一种艺术，不设茶配就是最好的茶配。

茶膳历史

关于茶膳

本书的主题是餐配茶，茶膳严格来说是不同的概念。席上有茶膳，可能就无须"配茶"了。但既然讲茶与餐的关系，这又是绕不开的一部分，所以把茶膳也来捋一捋。这一篇原载于《玩味茶事》，当年多是兴之所至，茶膳边玩边研究，算是"不务正业"。没想到数年后，倒把茶入菜的菜谱积累得越来越多，成了简烹工作室一大特色，这个方向也探出一些心得来。于是择选了几篇还算入眼的，修订了部分旧稿，在这里做个合集，从理论到实践简要谈谈茶膳的发展和成果。

言归正传，当时也是朋友问我一个问题："标哥，你算是玩茶的人里最会做菜的，做菜的人里最懂茶的，干吗不写一些关于茶入菜的内容呢？时下茶宴可是很流行哦。"我脱口而出："我为什么不写？就是因为很多所谓的'茶宴'都是在牵强附会中进行的，只要是和茶扯上点关系的都叫'茶宴'。"

其实很多人都没弄明白，茶怎样入菜才得法？有些茶菜如"茶香酱鸭""茶香排骨""龙井虾仁"等，其实多是个噱头。

茶叶入菜有几大难题。第一，茶叶的芳香物质在高温沸煮2分钟以上就挥发得差不多了，取茶叶的芳香入菜其实难度极高。食客会发现，有的茶菜的茶香还不如喝茶香。第二，火候的把控，需要对茶叶的特性、食材的料性都精准掌握，才能相辅相成。如何让茶香与肉香、菜香曼妙融贴，而不是相冲刺鼻或形同虚设？确实很难，我研究了多年也只有那么几道不是特别满意的菜，下一章会附上菜谱。另一种是把茶叶制成调料入菜，这个倒是简单易行。比如日本的抹茶，把茶叶研成粉末直接入菜。虽然芳香物质和茶氨酸损失很多，但其他主要成分还在，尤其是对现代生活大有裨益的粗纤维素，可以直接进入消化系统；而且维生素和矿物质大部分属于脂溶性，不溶于水。因此，还得探索全茶入菜的方法，菜和茶叶一起吃。

前文分析过不同的食材类型、味型适宜佐哪类的茶，主要是从烘托食物主味而淡化异味或刺激感的目的出发。入菜之茶，起到的作用则会更加多元化。在与不同食材、调料共舞的过程中，从香气到口感、滋味，都会有层次更丰富的表达。

我国很多地方已经有茶和食料结合的饮食习惯。远的有内蒙古、西藏的游牧民，用茶砖和牛羊肉一起炖煮，或和奶一起煮成酥油茶；近的有揭西、汕尾的擂茶，应属于最直接的茶入菜方式，具体做法见"擂茶"篇。

其实古代早有把茶带叶一起吃的记载。《诗经》中有"谁谓荼苦，其甘如荠"句，一说"荼"指茶，和荠菜一样可吃。《清稗类钞》载："湘人于茶，不惟饮其汁，辄并茶叶而咀嚼之。人家有客至，必烹茶，若就壶斟之以奉客，为不敬。客去，启茶碗之盖，中无所有，盖茶叶已入腹矣。"此为待客之道。

可见人类发现茶叶初期，应该是吃叶的。但以今人的口味要求来说，全茶入菜需要一个前提，就是茶叶的等级要高，也仅限于小叶种绿茶芽头，像乌龙茶类或红茶类只能碾成粉末来入菜。现在很多人弄几道茶菜或泡几杯茶就叫茶宴，那还不如不写。茶宴者，须以茶为主角，这在吃饭这件事上很难。我自己也是腹中无物，只能生搬硬凑些这些年做的一些有茶元素的菜，算是应朋友要求，为读者提供参考。

我们进行饮食创新之前，需要了解这种饮食方式的相关传统。只有寻根探源，弄清这种饮食习惯是怎样形成的，是否具有某些必要性和实用性。在掌握了一些既有的规律后，才能更好地去优化和改进。比如茶膳，不要像前面文章中提到的什么"茶香熏肉""茶香酱鸭"之类的只是做一个噱头，实际上有茶没茶区别不大。所以，我在研究用茶入菜时，更愿意多花一些精力去寻找祖国各地茶与食的那些渊源。

通过研究发现，我国许多地区自古就有茶与食物搭配的饮食习惯。特别是在特殊气候、地理环境下的少数民族地区，至今沿袭着一些茶食民俗。比如，西藏、内蒙古、新疆一带的游牧民，他们是用茶煮奶的鼻祖，酥油茶沿用至今。还喜欢掰一块砖茶，煮开了就馕或烤肉串，或直接与牛羊肉同煮。其茶味之浓酽，气势之豪迈令人印象深刻。这简单粗暴的茶入食方法，表明茶与荤食有天然的互补性和适配性。

茶在中国饮食文化中具有独特的意义。古代喝茶叫作"吃茶"，这一叫法到现在仍保留在许多地方的方言中，甚至与交好、婚媒等礼俗挂钩。中国是首个研究和使用茶叶的国家。据史料记载，从4700多年前的仰韶文化母系氏族时期起，我国就把茶叶用作食物。茶叶碾成粉末，和米一起煮成粥，称作"茗粥"或"米茶"。三国时期的百科辞典《广雅》中，提到了米茶的做法："荆、巴间，采叶作饼，叶老者，饼成以米膏出之。欲煮茗饮，先炙令赤色，捣末置瓷器中，以汤浇覆之，用葱、姜、橘子芼之。其饮醒酒，令人不眠。"开始在茶粥中加入葱、姜、橘皮等材料同食，就是擂茶的前身。在秦汉之前，吃茗粥或茗羹已是一种很普遍的习惯。到了唐代，制茶工艺得到了显著的改善，饮茶方式出现了很多的变化，但仍有茶羹中放入盐、葱、姜等香辛料的吃法。有人以为，擂茶只是客家人的特产，其实不然。同期或更早期在中原的许多地区都出现了制作和食用擂茶的习惯，只是随着时间的流逝慢慢地凋敝了，只有各地客家人、畲族人以及西南部分的少数民族传承和发扬了下去。

人类发展的过程中，往往是先满足身体的基本需求，再晋升到精神需求与美的讲究。在南方的大部分地区，擂茶的饮食习惯分布之广与花样之多出乎我的意料。我通过自身的游历经验，和资料中的线索串联，推断擂茶是茶膳之起源。之所以要擂捣或研磨，可能一是因为过去没有榨汁机，二是把茶叶研粉更容易食用和与其他材料结合，三是有的食材中采用新鲜蔬菜，现擂现吃保障茶菜的鲜味。于是我一边擂，一边决心好好梳理一下擂茶的主要脉络。

我国现存有擂茶习俗的地方非常多。比如，广东的陆河、揭西、英德、海陆丰，广西的贺州，福建的泰宁、将乐、宁化，江西的石城、宁都、于都，湖南的临澧、桃江、桃源，以及台湾的苗粟、新竹等地。[1][2]各地的制法也不尽相同，在配料上有很大的差异。当然这也不奇怪，靠山吃山，靠海吃海。总体上可以分为三大类：客家擂茶、土家族擂茶及汉族边远地区擂茶。

湖南地区的擂茶，主料是茶叶、芝麻、生姜、生米，擂成粉后用开水冲泡。桃江好甜食，会再加入花生和白糖；桃源好咸食，则加入盐。这种擂茶呈咖啡色而非绿色，黏稠呈糊状，口感滑嫩，香气四溢。桃江孕妇有喝擂茶的说法，说喝得越多，生出的婴儿越白胖。福建西北地区的擂茶比较简单，原料是茶叶、芝麻和开水。广东地

[1]　阚秉华.别有风味的擂茶风俗[J].旅游时代，2013（4）：2.

[2]　梓岚.名人喝过的擂茶为什么这么好喝[EB/OL].（2020-03-23）[2023-03-25].https://lishi.vshare.tech/hd/afa1620f91b175abe3aad53731127f0f.html.

揭西擂茶

区的客家擂茶，原料是茶叶、芝麻、熟花生、盐和香菜；广西如桂林、恭城、平乐的叫"油茶"或"炒米茶"，茶叶擂好后，加入炒米、猪油、米粉或面条、红辣椒、花生、绿豆、葱花等制成。这油茶可以当火锅底料，因为第一锅熬完后还能加入水，反复熬五六锅。不同地区的擂茶花样百出，而且融入当地民族的待客、喜事礼俗中，延伸出丰富的寓意和讲究，成为一种地方文化象征。

擂茶在沿海地区又变成一种海味茶饮。比较典型的是广东汕尾的擂茶，制作方法和口味都很独特。捣茶的用具为擂棍和擂钵。擂棍是一根2～4尺木棍，以樟木、楠木、枫木或茶木为原料，顶端刻环系绳索方便悬挂，底端刨圆方便擂转；擂钵是一种陶罐，内壁布满辐射状沟纹，大小不一，呈倒圆台状。汕尾擂茶可带有海味元素，在茶汤中加入虾米、紫菜、小鱼干、鱿鱼丝，甚至有人会放入蚝干、花生米等。我曾在深圳吃过一碗人称"蚝爷"的汕尾人做的加蚝干的擂茶。吃起来有点怪，但也别具风味。这些都是随着时代变化而演变出的饮食乐趣。

客家人对于擂茶的起源传说，也有许多版本。一则说东汉时期的大将军马援行军至湖南武陵（一说是三国时刘备行军至洞庭湖）时，士兵们得了一种怪病，上千人因此病倒。将军四处寻医问药，后来当地一位农夫给了他一张祖传药方"三生汤"，即将生茶、生米、生姜研磨成浆，用开水冲给将士们喝。生病的将士很快康复了，并不再染病，于是擂茶的名声由此流传开来。[1]

另一则传说也是和医药有关，擂茶起源于将青草药捣烂而冲服的"药饮"。客家人祖先在长年迁徙、劳作下，为了避免"六淫"

[1] 李东升.救命的"三生汤"[J].中国社区医师，2011，27（35）：1.

（风、寒、暑、湿、燥、火）病邪的危害，经常采用一些清热解毒的青草药来制成药饮。南方地区有许多的药草，"茶"便为其中之一，有清热、健脾、止渴、助眠等多种功效。既可与多种药材、食材同煮，又长饮无虞，遂渐渐成为客家人特色的家常食饮。人们根据各地饮食的喜好，向里面加入更多配料。劳累一天后，吃上一大碗，顿时舒爽振作；有客来到，只需一勺米饭、一把炒豆搅入茶汤中即可招待。有条件的不拘撒些菇笋肉丁、芝麻米花，解渴又充饥，经济又实惠，在那个生活艰难的时代，再也找不出一碗比这更实在的待客之物了。

一地的物产但凡得人心，总会与大大小小的传说和典故挂钩。真实与否我们不必花太多精力去深究，那是历史学家的事。只消从中寻到片言只语，获得某些启发足矣。比如，这两则传说其实都佐证了"茶食搭配"能起到保健功能，也是劳动人民的智慧结晶。这就是我们研究和传承茶膳的有力支撑点，在梳理茶膳历史的过程中能更清晰地感受到这种文化的延续与走向的脉搏。

这段时间我在查找资料，感受每一地的擂茶文化时，突然间又想到中国茶对外输出的佐证。比如日本所谓的茶道，特别是他们的抹茶食品文化，不就是擂茶的衍生品吗？他们从茶道的形式到抹茶产品，整个儿也没有跳出我们的擂茶饮食文化圈，只是植入了更多的仪式感和相对精致感。我国大地上的擂茶饮食习惯大多还是保留着先民的质朴之风，端上一碗擂茶，毫不做作，尽显人与人之间的自然温情、关怀、实在。道法自然，这种自然的文化才是延续的根本。我在做这个餐配茶研究时，便是基于这个文化传承支点去开发一些符合现代化生活习惯的方式，但万变不离其宗："实用"——对人身体有益、让人感受愉悦与舒服。这是餐配茶的核心思想，也符合中国几千年的人文关怀和文化传承。

汕尾擂茶

总的来说，擂茶应算是茶膳的起源。当然，中国地之博、物之丰，不是我个人能够窥探得完的。这篇文章中关于各地的擂茶介绍，或是我匆匆路过的感受，或是搜罗资料的参考，或是道听途说的结果，不疑有疏漏之处。只望通过现存的一些物证，来勾勒出茶膳过往与未来的一些状貌和规律。读者们看到有不对的地方可以骂我，但千万别骂娘。

在此向劳动人民致敬，向擂茶致敬。

酥油茶外传

在写《玩味餐配茶》这本书期间，我花了大量精力去追寻先人关于茶食的蛛丝马迹。从南方现存的擂茶到西藏、内蒙古的酥油茶，这些无字的自然传播才是真正的生活文化。

上篇梳理了擂茶的起源与演化过程。中原地区饮食文化的记载比较丰富，南方各地的擂茶有史可稽，整理起来相对容易、可靠。但在梳理酥油茶的起源时有些碰壁，种种传说纷纭。在此选录二则，聊供读者一乐。

第一则是不靠谱的传说：藏部有一条河，河东岸有个辖部落，西岸有个怒部落。两个部落结下了世仇，但造化弄人，辖部落土司的女儿美梅措在河边放牧时与怒部落土司的儿子文顿巴相爱。被族人发现后，辖部落土司派人杀害了文顿巴。在文顿巴的火葬仪式时，美梅措跳进火海殉情。死后少年的灵魂变成羌塘湖里的盐，而少女的灵魂变成茶树上的茶叶。每当藏族人打酥油茶时，茶和盐便再次相逢。这则传说我估计是藏族妈妈在哄孩子睡觉时讲的故事。

另一则传说中酥油茶的起源是唐代文成公主和亲。文成公主及仆人刚入西藏时，对寒冷的高原气候非常不适应，便将茶和奶掺在一起喝，还根据喜好加入糖或盐，于是创造出了酥油茶。这则传说稍微靠谱一点，但是茶叶传入西藏最早并非唐朝。赵国栋在《西藏传统茶文化的发展阶段》中考证道，早在东汉时期，内地的茶叶已传入今阿里地区。[1]只不过喝茶在西藏地区流行，应是从茶马古道开辟之后。

酥油茶的做法很简单，先将适量酥油（牛羊奶抽打至油水分离而

---

[1]　赵国栋.西藏传统茶文化的发展阶段［J］.农业考古，2018（2）:7.

成）放入特制的桶中，加入熬煮的浓茶汁和食盐，用木柄反复捣拌至油与茶汁充分融合，呈乳状即成。有的还会加入青稞粉等佐料。

酥油茶如今是西藏的特色饮料，作为主食与糌粑一起食用，有御寒、提神醒脑、生津止渴的作用。其实酥油茶对藏族人来说不仅仅是提神醒脑那么简单，最重要的是茶叶中的大量膳食纤维能够促进肠道蠕动。每天一碗酥油茶，让他们吃得下、拉得出，这才是重中之重。从晚唐时期开始，茶就成为藏区的一种战略物资，唐蕃在河西和青海日月山一带进行茶马互市，茶叶大量地运往藏区。宋朝正式建立"茶马互市"制度，并设立"茶马司"，专门管理内地与边疆的茶叶和马匹互换活动。此后茶马互市一直盛行，茶叶更源源不断地输入藏区，成为内地与藏族人民的友谊纽带，也深深融入藏族百姓的日常生活、风俗文化和僧教信仰中。

现在藏族毗邻的一些民族，受到前者影响，也有饮用酥油茶的习惯。无论叫"酥油茶""奶油茶""油茶""擂茶"还是"三生汤"，我们看到茶与油类、奶类、肉类、菜类都有长期合作关系。它就像奇妙的"万金油"，能将各种食料铆合在一起，优势互补。鉴于茶叶在全国各地区广泛的群众基础和入食传统，我更加坚定将茶餐搭配文化在新时代好好发展和推广的信心，它在经济效益、健康效益、社会效益上都是前途无量的。

酥油茶

茶叶入菜的种种可能性 ——「茶宴」

"茶膳"一说，自古有之，并不是现代人的开创性发明。早在《晏子春秋》中便有记载："婴相齐景公时，食脱粟之饭，炙三弋五卵，茗菜而已。"《晋书》中也有言："……吴人采茶煮之，曰茗粥。"现代人取茶入菜，多重形式、重格调，名为"茶宴"，多有些风雅韵味。但茶本身该以何种方式入菜肴，是浸出液，还是原叶入锅，还是磨碎后的粉末，业界尚无统一定论，也较少有人做出系统性的实验创作。故下文仅尝试从理论出发，分析各种呈现方式的优缺点。

第一种方式，取茶叶的浸出液，即茶汤为入菜的主体，是现有许多茶膳的主打招式。如龙井虾仁，是将虾仁炒熟后，倒入一杯连叶带茶汤的龙井而成。龙井茶汤经加热后被虾肉吸附，而茶叶本身仅作为一种装饰或提示，多数人吃进嘴里的反应与对待香菜或姜块是相同的——"呸、呸"两口吐掉。再如茶香鸡，更是只取茶香增味，最终吃肉时鲜少有人连肉带茶叶一起咀嚼品味。并且，有一点我们必须承认的是，茶叶中有生物活性的成分，如茶多酚等，在常规的烹饪条件下不是完全消解就是九成九消解。在这种情况下，我们很难再讨论茶叶入菜的健康功效，茶叶存在于菜肴中的地位，与一块南姜或几粒白胡椒是一样的。

第二种呈现方式目前较为少见，但也有相应的文化背景存在。在云南基诺族聚居区，至今有食用凉拌茶的习惯。取鲜嫩、未炒制的茶叶洗净揉碎后加入其余香料、食盐、水，搅拌均匀后可佐各种食材制成凉拌菜，如甜笋凉拌茶、蘑菇凉拌茶等。如此一来，茶叶变成了一种食材，甚至冒犯点儿形容，已然变成了一种蔬菜。云南的布朗族还制酸茶，德昂族还制腌茶。在此茶叶富裕之地，居民对待它的态度显然与对待菜叶无多大差别。

第三种呈现方式，是将茶叶碾碎后食用，如擂茶或是抹茶，也是将茶叶本体吞下。擂茶做法前文有讲过，本篇便不再赘述。

古人制茶膳，多因物资匮乏，绞尽脑汁地物尽其用；而现代人追捧茶膳，除了风味效果外，也是期望茶叶为大鱼大肉的餐桌添加一重健康保障。但世事常难两全，将茶叶本身作为食材，即第二种、第三种方式，从营养的角度更有利于纤维素和各种生物活性物质进入人体发挥作用，但是做法相对单一；而第一种茶汤入菜，所谓茶香排骨，也仅仅留下"茶香"罢了，在长时间高温炖煮中，各种多酚、纤维、维生素逐步降解，并不能降低大口吃肉的罪恶感。

不过，餐饮行业总是口味当头。再强大的健康饮食理论，都抵不过"好吃"二字；再如何百般推销，没有消费者买账的茶膳便是空谈。如何将茶膳和餐配茶更好地推向市场，以改善口味至上心态造成的劣币驱逐良币风气，笔者并不擅长，只能期待各界神仙各显神通了。

本篇之成，有吾女林笑笑的大功。她在无锡江南大学读食品科学，趁暑假之余帮我整理了许多资料，并提出许多专业性的修改建议，文思敏捷，我心甚慰。后浪推前浪，新浪辟旧雾，谢过吾女。

茶膳菜谱

本来书已告一段落，交付出版社，想偷闲半年，作田野无事翁。编辑却提一要求："标哥，近来恰逢春茶采摘之时，不妨趁着新绿整理几道茶膳菜谱？给爱茶爱厨的读者们增加点福利，也让喜欢上茶山的朋友们有更多茶叶利用法。"

我说，当然可以。原来为什么懒得写，是因为真正的茶入菜不容易。常见的茶膳大多是对菜对茶一知半解的人，拉郎配式的生搬硬套。但编辑表示，不那么完美的茶膳也没关系，有那个意思就好，生活需要仪式感。我想想也对，那就趁着春天新绿，介绍几道简单应景的茶菜吧。

第一道菜，当然是用鲜叶为妙。我近期天天上山看茶、守茶，鲜叶随手可得，但试新菜其他食材可供选择的不多。茶季多在山上，有时口中淡出鸟来。一想到鸟就灵光一闪，此季节正是吃鸭子的时候。春江水暖鸭先知，正是新绿上市时，所以食材选择鸭子正好，而且到处都买得到。说干就干，这天下山时采了一袋子鲜叶，又在菜市场买了一只大白鸭，来煲个鸭汤。

切除鸭屁股是因为有异味，而且带着一大坨肥油，这块不去除鸭汤很难好喝。这道菜可以吃肉、喝汤，还可以吃茶叶。做法的关键是"减法"，最忌讳乱放配料。有人想当然地放姜、葱、蒜之类的，若这样辛味料会盖过茶香，和茶叶没多大关系了。这道菜就是用茶叶中的各种元素来中和鸭子的腥腻之气，鲜叶中的氨基酸起到提鲜、增甜作用。

这道菜的最大特点是配料简单、制作方法简单，不受地方条件限制。充饥又解渴，而且春意盎然。在全茶入菜法中，这一道是我自己最满意的。有些读者朋友看完可能会说，你这菜受地方条件限制，我们没条件拿到鲜茶叶的不就吃不成了吗？不用担心，做菜之事可举一反三：没有鲜茶叶，放些绿叶菜也行，不过量不能多。

春意盎然茶叶配老鸭

食材

大白鸭	2000克（1只）
火腿（或咸肉）	15克
新鲜茶叶	70克
水	3升

做法

1. 大白鸭用盐里外搓洗一遍，过一道水，再冲洗干净，切除鸭屁股。

2. 整只鸭放入砂锅，加满水，放入几片火腿或咸肉，大火煮半小时后，用勺撇去浮沫和多余的油。

3. 加入50克新鲜茶叶，改小火慢煮半小时；再加入20克新鲜茶叶，开大火煮至沸腾即可。

关于茶入菜，我一直想着能否再做一些突破，让茶叶真正地融入菜中，要有相互关联和帮助的。在菜品的设计中怎样大胆地突破，这需要大开大合的思维。我们做茶膳的常规方式，总想着把茶叶的味道怎样煎进去，但鲜茶叶的许多特殊物质和气息一旦加热就会改变性质。如果打开脑洞，让茶叶直接参与到食物中去呢？

有了这个想法我就不停地嚼青叶，充分地感受它的原味。鲜茶叶青涩、微苦、回甘，这种口味天生就是解腻的不二神物。最大化保留原味是生食，不如做成抹茶泥或抹茶酱，配米饭、肉、面包随宜。介绍一个茶泥盖浇饭的做法：

鲜叶茶泥制作工艺

食材

新鲜茶叶	20克
水	50毫升
盐	1克
沙拉酱	10克
炼奶	5克
广式腊肠	30克
松子	5克
米饭	300克

做法

1. 松子炒熟,广式腊肠切几片,备用。

2. 将新鲜茶叶和熟松子放入破壁机,加少许水和盐,一起打成泥状。

3. 茶泥中兑入一半沙拉酱,加入少许炼奶,拌匀。

4. 打1碗热乎乎的米饭,舀1匙调好的茶泥抹在饭上,把广式腊肠片铺到绿色的茶泥上,再撒上几颗松子即可。

茶泥盖浇饭

一碗和茶有直接关系的，春色满园的抹茶饭就成了。这个茶泥不只可以拌饭，还可以当配料。把茶泥铺盘底，煎一块牛排放上，也是绝佳之搭配。

这一道菜还是与春天有关。万物春来发，这是大地复苏、一切生命开始活跃的时候，于是我想到了蛋。蛋是孕育生命的物体，也契合春的意思，所以想用蛋和茶叶来做菜。我们平常吃的茶叶蛋，第一，大多数没什么茶的味道，其实就是卤蛋；第二，卖相贼难看，蛋壳坑坑洼洼，蛋白上裂纹横布。我觉得蛋这么美好，怎么也得给它做出一个色、香、味俱全吧？有了这些思考，才有了下面这道金色茶香蛋。

除了以下基本做法，卤蛋所用的香料可根据个人喜好或需求，再加入八角、姜、罗汉果等，增添不同的风味和养生功效。金蛋可冷藏存放，想吃时用红茶汤再加热就行；或在炒锅中放点油，慢慢翻动加热，这样更加金黄剔透，秀色可餐。

食材

鸡蛋	12个
凤庆红茶	20克
水	800毫升
盐	3克
糖	15克
桂皮	2克
小米辣	2个

做法

1. 锅里放入水和鸡蛋，加入适量盐，把蛋煮熟。

2. 换一锅水，熟鸡蛋去壳放入，加入适量盐、糖、桂皮和2个小米辣，小火慢煮10分钟，关火。

3. 等锅内温度下降后再煮开，再关火，这样连续3次，让卤蛋冷却入味好；捞出，放入一个干净的玻璃容器。

4. 取20克凤庆红茶，用100℃的水冲泡好，倒入玻璃容器中至完全没过蛋；浸泡3小时挂色，最后捞出即可。

红茶金蛋配料

红茶本色卤出来的金蛋

绿茶 · 安吉白茶煎土鸡蛋

这道菜严格意义上说不是新研发的，是依据我的穷人思维自然而然形成的。菜的名字叫安吉白茶煎土鸡蛋，做法特别简单。

这道菜也是色、香、味俱全，茶叶的清爽甘香刚好化解了煎蛋的烟火油气，也间接地吃了许多粗纤维。

食材

鸡蛋	5个
安吉白茶	5~6克
火腿	3克
盐	1克
猪油	15克

做法

1. 安吉白茶冲泡好，美美地喝上三道，剩下的茶叶再放水浸泡5分钟，捞出；火腿切粒，备用。

2. 打5个鸡蛋，加入少许盐、2小匙茶汤、1小匙猪油打至起沫。

3. 热锅，放入适量猪油，倒入打好的蛋液，小火慢煎至蛋液开始凝固。

4. 把泡过的安吉白茶均匀地撒在还未完全凝固的蛋液上，然后把蛋翻过来煎20秒，再翻过去，撒上火腿粒，即可装盘。

安吉白茶煎蛋

绿茶·龙井鲍片[1]

我常说家里应该备一锅肉汤，即猪瘦肉加鸡胸肉或鸡腿慢熬的高汤，最后撇去浮沫。做海鲜或蔬菜时用来提鲜，是又方便，又清爽，又入味。这道龙井鲍片就充分融合了鲍鱼、肉汤、茶香各自的优势，不愧为我国南方的传统名菜。

此道菜特点是清新爽口，绿茶的鲜爽与鲍鱼片的甜鲜巧妙结合，鲍鱼片经过二次轻加温熟化，熟而不韧，口感嫩滑。特别是操作简便，体现了简烹的理念；又是以茶入菜，茶汤中的涩感巧妙化解了海鲜特有的腥腻之气。

---

[1] "龙井鲍片""荷香白茶鱼丸汤""赛老王红烧肉""银龙穿红袍""黑茶炖猪蹄"5篇原发于《玩味茶事》，内容和题名有增改。

——编注

食材

鲍鱼	500克
肉汤（或老鸡汤）	400毫升
龙井	8克
绿豆芽	150克
姜末	10克
盐	3克

做法

1. 鲍鱼洗刷干净，将肉取出，用滚刀法切薄片相连，置于冷肉汤中浸泡备用。

2. 锅里倒入适量肉汤，加入盐、姜末加热至70℃左右；把鲍鱼片从冷肉汤中捞起，放入70℃的热肉汤中浸泡。

3. 把步骤1中泡过鲍鱼片的冷肉汤加热至沸腾，放入绿豆芽，即关火；20秒后捞起豆芽，平分到每位食客的碗中；把浸在热肉汤中的鲍鱼片捞起，也平分在每个碗中。

4. 龙井茶投入一把大壶中，加100℃的水泡好；将茶汤直接浇在每碗的鲍鱼片上，以此加深熟化，即成。

龙井鲍片

需要补充一点，鲍鱼片切好浸泡在肉汤中，是为了保汁。因为所有海鲜贝壳类都是由纤维和大量水分组成，特别是切薄片的鲍鱼，会快速泄水；置于肉汤中能封闭切口减少出水，又能吸收些许动物脂肪，使鲍鱼片更加鲜甜而去除海腥之味。

白茶·荷香白茶鱼丸汤

这道荷香白茶鱼丸汤不用姜，不用油，材料简单，但是味道却不简单。猪肉与鱼丸均有腥气，与白茶茶汤混合后，腥气被压了下去，肉汤和海鲜的鲜味被提了出来。点睛之笔是最后放入的几片鲜荷花花瓣。花瓣遇热后，散出一缕优雅的荷香，与白茶独有的香气相辅相成，正如唐朝诗人贾谟《赋得芙蓉出水》中所说："翻影初迎日，流香暗袭人"。

若使用冰冻的鱼丸，需完全解冻后再煮。注意用茶汤煮墨鱼丸的全过程中，不能让汤水煮沸；茶汤沸腾1分钟，白茶中的芳香物质会消失殆尽。

食材

墨鱼丸（或其他鱼丸）	250克
白毫银针（或白牡丹或寿眉）	10～15克
猪瘦肉	250克
矿泉水	750毫升
食盐	约5克
新鲜荷花花瓣	3片

做法

1. 锅中倒入300毫升矿泉水煮沸，猪瘦肉切块，放入沸水中煮20分钟；取出，让汤渐渐冷却。

2. 白毫银针放入 300毫升矿泉水中冷泡 30 分钟，用滤勺将茶叶与茶汤分离。

3. 冷茶汤中加入冷肉汤，微火加热至 90 ℃；加入墨鱼丸煮 3～4 分钟，时间视鱼丸的大小而定，不能煮沸，准备关火时放盐。

4. 将 150毫升矿泉水加热到 70～80 ℃，放入步骤2滗出的茶叶，再泡1分钟，滤出茶叶。

5. 将泡好的茶汤加入鱼丸汤中，取几片新鲜荷花花瓣放在汤中，再将滗出的茶叶放几片在花瓣上，即可。

荷香白茶鱼丸汤

乌龙茶·西米露爱上鸭屎香

这是一道茶香甜品。它的初创者是上海的孙兆国老师。孙老师与我情同手足，也和我一样无茶不欢。有次我去上海，孙老师为表示对我的尊重，便用我送给他的顶级鸭屎香单丛做汤底，放入燕窝。当晚的这道燕窝甜品的清纯惊艳四座，自然的茶香和燕窝淡淡的甜完美结合，可谓"金风玉露一相逢，便胜却人间无数"。这次写茶入菜便也想到了这道菜，但我做了些许改变。孙老师在上海用的是燕窝，我这个乡下人回到乡下就改用了西米露。

具体做法如下，一碗有着植物油芳香、花香和茶香的甜品就轻松完成了。

西米露爱上鸭屎香

食材

西米露	150克
冰糖	30克
鸭屎香	10克
水	500毫升
松子	10克
玫瑰花	0.2克

做法

1. 西米露煮过一遍，沥干；加少许冰糖，煮好，放凉备用。

2. 鸭屎香泡好茶汤，滗去茶叶；松子炒熟，备用。

3. 打1匙冷却的西米露呈圆球状放在碗底，在西米露球上撒一些玫瑰花碎片和松子。

4. 把泡好的茶汤沿着碗边倒入，即可。

红烧肉 乌龙茶·赛老王

记得过去，有些关心我的朋友曾说："标哥，难怪你交不到女朋友，因为你做的菜太淡了，都是不香不辣的。"

我说："你们不懂，无味之味，方为大味。"

他们说："鬼，谁管你这些，现代人追求的都是直接的感官刺激。你看人家隔壁老王烧得一手红烧肉，女朋友多漂亮，枉你一身好厨艺，不要说女明星，连一个厨娘也捞不着。"

我拍案而起。你们知道我为什么花这么多钱做一个实验厨房吗？因为自踏入社会以来，我从街边料理吃起，到有条件时吃到所谓的星级名厨，发现他们做菜大多是各种酱料的味道，我许多年都没吃到食物本身的味道了。

潮汕地区饮食以清淡著称。您看清淡吗？各种卤鹅、卤鸡、卤鸭、卤大肠、卤小肠，满街的酱油味。一碗粿汁或一碗面汤，有味精、葱油、鱼露、胡椒粉，末了再来一大匙蒜油末。晚上街边的排档小炒，本来鲜活得可做刺身的小海鲜，他们偏偏要整成大红烧，葱、姜、蒜、辣椒一把抓，芹菜、香菜也少不了。仿佛案上所有的配料不抓够，末了顺手连洗洁精也滴几滴，美其名曰"清肠用的"。我受不了，才开了一个厨房。你们都说我因为做这些菜交不到女朋友，我从今天开始就请你们吃红烧肉。

其实红烧肉是最容易做的菜。一道菜但凡需要用到大量酱油，就是容易做的。酱油本身五味俱全，穿透力强，所以只要肉好，且处理干净，做出来都好吃。一些大厨装有文化，说有什么秘方，要放祖传十八种药材，我跟您说，我来做给他吃，少放十种材料他也吃不出。红烧肉选材首选是要偏肥，最好是三层肉，大块的四方形，有两斤重的；提香我用上了老本行——茶。

红烧肉，原则上好酱油是关键。其他香料只是为赋予它不同的香气和风味。我放了一颗无花果，增其甜度。无花果取代糖的原因有二：一是无花果的甜味和糖的不一样，天然的甜蜜中带有一丝水果的清香，能让红烧肉没那么腻；二是我冰箱里正好有无花果，再不吃掉就坏了。一点桂皮是为了增加点"横味"。

因为肉是肥腻之物，我这大号"茶痴"当然要用茶来化解。对付它，我用了茶中的武夷山肉桂。武夷岩茶高焙火，茶汤颜色红，一是起到解腻之功效；二是调色，酱油可少放，从而降低咸度。怕颜色不够红亮可加红糖1匙。说起来，肉桂真是一种香气强劲的茶，用它做出来的红烧肉扎扎实实有岩茶的香气，缭绕至极，让我都惊讶。怎样才能保证这道菜的茶香气呢？还有个小窍门，在上菜前淋上一道香气足的岩茶，便叫它茶香飘扬。

需要说明一下，有些配料不是非放不可。只是我全国各地朋友众多，大家知道我现为"无业游民"，怕我饿着，每天都寄来无数食材、配料。像今天做红烧肉用到的酱油乃厦门古龙酱油哥颜靖所寄，料酒乃浙江湖州老恒和的陈总所寄，无花果乃青岛君梦深蓝兄所寄，桂皮乃日日香卤鹅店的阿忠所赠，在此顺表谢意。有些材料实因有之，顺手一用。这道菜末了需一物——两个小辣椒，因为这道菜稍显甜腻，一点辣穿行其中，可起到画龙点睛的作用。

食材

猪肉	1000克
岩茶肉桂	15克
水	1500毫升
酱油	150毫升
料酒	20毫升
盐	5克
无花果	1颗
桂皮	3克
小辣椒	2个

做法

1. 猪肉用粗盐搓洗一遍，用大火烧水焯一遍，再用冷水冲洗干净，整块放入砂锅中。

2. 小辣椒切碎，锅中加入酱油、无花果、桂皮和小辣椒。

3. 岩茶肉桂冲泡好，滗出茶汤，倒入锅中直至没过肉；调上酱油、料酒，大火烧开，转小火煮2个半小时即可。

岩茶红烧肉

红烧肉的关键是酱油

乌龙茶 · 银龙穿红袍

曾应《茶道新生活》杂志要求，用大红袍制作一道茶馔。茶入菜全国做者众，但真正发挥茶之优点起到画龙点睛作用者少，许多菜品都是一种概念。做一道红烧肉，在上面撒点油炸干茶叶也算茶入菜；炒一个虾仁，在上面撒点干绿茶也算是茶入菜。实则都是幌子，比茶叶蛋还不如。

在我看来，所谓的"茶馔"，茶在菜里一定要发挥具体的作用。当然你硬说用茶水来洗菜也是"作用"，那我无话可说。但更高的境界应该是利用其味，或者利用其香来做菜，这样做出来的菜才真正称得上是一道茶馔。如何让茶与主材相得益彰，就需要一番思量了。经过两天的沉思，我决定用乌耳鳗（白鳝）与岩茶来搭配。

为什么要用鱼，而且是乌耳鳗呢？鳗鱼在鱼类中属于无鳞鱼，鱼身布满黏液。因常居深泥中，土腥味是鳗鱼的硬伤，寻常厨师还真是处理不好。另外，鳗鱼的形态像蛇，蛇与龙又象形，好取菜名，尤其在一些年节上，属于有好意头的菜。广东人很讲究意头，席上必有鱼，何况有龙，更是高兴。这道菜取名为"银龙穿红袍"，想一想都觉得威风。

岩茶重火，茶汤浓重，厚韵，能对付土腥味。鳗鱼在低温茶汤中浸泡后，表皮的黏液尽去。我反复强调过，一切水产品的土腥味来自黏液、血液，包括鳗鱼。只要把黏液、血液尽去，腥味就消除了。这是茶的第一大功效。第二大功效是把茶香逼入鳗鱼的肉里。用干茶垫底来蒸鱼，待茶香出，鱼肉亦熟。

这道菜成了简烹体系中又一道经典茶菜。鳗鱼通过茶汤的前期浸泡，不但去其腥腻，而且浸出鱼脂，又用干茶蒸香，使鱼肉布满大红袍的火香。

食材

乌耳鳗（或草鱼）	750克
大红袍	30克
酱油	30克
水	600毫升
陈皮	8克

做法

1. 陈皮泡水，备用；乌耳鳗（或草鱼）洗净、擦干，切好，浸泡在陈皮水里，加入酱油。

2. 大红袍冲泡好，茶汤倒入陈皮水中，继续浸泡约30分钟；捞出乌耳鳗，擦干。

3. 锅中加入水，放上蒸格，铺上茶叶；再放上一层竹编蒸格，放上乌耳鳗，加盖蒸7~8分钟即可。

前期低温浸泡使鱼肉收缩变硬，口感更为爽口；大火蒸后，鱼肉肉质更脆，全无鳗鱼常有的腥气和油腻；还有茶香入鱼，吃的是鱼，回韵是茶。

其实，这道菜也不是非要用乌耳鳗不可。我做菜的原则是有什么材料做什么菜，所以主材用其他什么鱼都可以。比如，有一天厨房里只有一条草鱼，于是，我就用草鱼做了一次。

你手边有什么鱼，都可以这样做。

银龙穿红袍

好水，好鱼，配好茶

猪蹄油腻多脂，味厚；黑茶性温，减脂腻，味甘醇。黑茶焖猪蹄去其油腻，存其甘甜，可减三脂之忧。

这一道也是应《茶道新生活》杂志之邀，以黑茶为主题研制的茶膳。起初有点忐忑，担心会不会牵强附会。但没想到做完后我自己也喜欢得不得了，也是我做过的茶菜中比较满意的，算是无心插柳之佳作了。这道菜在家里也可以做，参考如下：

食材

猪蹄	750克
黑茶	50克
大枣	6颗
干虾	20克
干无花果	2颗
生姜	30克
葱白	4根
盐	适量
酱油	少许
水	1000毫升

做法

1. 猪蹄斩件，汆水；高压锅中加入清水，放入猪蹄，压5分钟后取出；在冷水中过一下，备用。

2. 用薄油将干虾炒至金黄，猪蹄、大枣、生姜、干无花果一起放入锅中。

3. 在锅中放入酱油、盐。

4. 黑茶用3碗开水浸泡3分钟，倒出茶汤；其中2碗茶汤倒入锅中，留1碗备用。

6. 大火煮开锅中食材，改中火，煮至收汁；加入剩下的1碗茶汤，加入葱白，煮至收汁即可上盘。

黑茶焖猪蹄

后记

每一次写书，到最后都要写一篇后记，这也是我最喜欢写的。因为它意味着这本书已经大功告成，后记写完就可以长舒一口大气。

大多数写书的人是专业作家或真正的文人，他们文采飞扬，但我不一样，我正儿八经上学没三两年。原本像我这样的农民是一辈子拿锄头的命，但却操了拿笔的心。往好了说是不向命运低头，往坏了讲就是不自量力。碰到有些卡文的地方，是撕了改，改了撕。要不您看别人的书是写出来的，我的书是憋出来的。

就像这本餐配茶的书，原本没计划写。餐配茶只是我自己的一种生活方式，因为确实不喜喝酒，所以在餐桌上去研究配茶。配着配着配出一些心得，也得到了许多同样不喜欢喝大酒应酬的朋友认可。于是我更加认真地去研究、梳理一杯茶在餐桌上的作用，也研究了许多茶和食物的关系，包括它给人们带来健康的佐证。有了研究就有了记录，本想通过一些媒体平台去传播健康的餐配茶饮食理念，但江湖复杂、人心叵测，本来简单、快乐的事，到了人多的地方就变成不快乐了。最后，还得用书的方式去传播。写一本书虽然累，但比起那些无谓的应酬和见人说鬼话的场合要来得轻松快乐得多。而且对于有需要的人来说，花几十块钱就能买走我那么多心血，是不是也超值了？

有了以上种种因素，才使我埋头苦干，把餐配茶的一些心得整理分享出来。出书偶尔也有意想不到的闹心和烦恼，有时碰到一些无聊之人骂你，挑你毛病。刚开始不太好受，但随着年龄增长和不断地学习思考，也就慢慢地释怀了，并慢慢地开始感谢那些骂你的人——那一定是你自己做得还不够好，有被骂的地方。往往骂人的话才是真话，经常听到的好话大多是客套，明白了这些后也就不怕被骂了。最重要的一点，是想通了这些问题给自己带来许多快乐，人到中年如果还不懂得给自己找健康、找快乐，那么是不是有点白活了？

说到快乐，这一次在写《玩味餐配茶》时，确实发自内心的快乐。我的大女儿林笑笑早先受我一些影响，也喜欢吃吃喝喝，所以大学时选的就是食品科学专业。一眨眼即将大学毕业，这次看我写书这么累，她就帮我梳理资料，还写了一些专业性的参考文章和修改建议。我欣喜地发现她文笔的灵性已在我之上，加上专业攻读，将来有望为健康饮食做出更先进的研究和传播，比我为社会、为人类的健康事业做出的贡献更大。作为一个父亲，看到女儿很早就找到了人生要走的道路，而且这个路子能接力我的一些愿景，是我近来最开心的事。这篇后记虽然有点啰唆，但却是真正表达了我内心的喜悦。它不仅仅是这本书的后记，也代表着我的奋斗事业后继有人了。

说着说着又离题了，其实每次写后记没那么多话好说。真正要说的只有一句：我的书真不送人，你喜欢自己买，千万别向我讨书。

《玩味餐配茶》使用指南

餐配茶，真不是个新概念。

岭南有工夫茶，西藏有酥油茶，现代有风靡全球的奶茶，茶早就是我国餐桌上老少青睐的食物伴侣。随着茶越来越亲民，我们需要一个系统的茶与餐搭配指南。这本《玩味餐配茶》就是讲了餐为何配茶、如何配茶这两件事。而且能单刀直入的，绝不长篇大论。美食吃货、厨艺达人或是餐厅经营者，都能快速找到最关心的内容。

不懂茶，开篇给你科普；不会泡，水温比例给你列表；不懂搭配，七味四类归纳好；不会上茶，步骤附上；开餐厅纠结用茶和茶点，经济账帮你算；想搞餐与茶深度融合，茶膳菜谱也有了——齐活儿。

简餐+简茶，我们印象深刻的是日本的怀石料理。"一汤三菜"都是为最后一道茶饮（抹茶或煎茶）服务。以新鲜、少而精的食物慢慢打开味蕾，并防止空腹饮茶造成肠胃不适。几道小菜吃两个小时，却能很满足，是因为鼻、舌、身、心、意都到场了。充分感受食物气息和滋味的同时，也清晰感受了自身的需要。方意识到，现代人平日里不饿而食、饥不择食、味同嚼蜡或暴饮暴食都是一种病态。

林贞标走遍中外大小餐厅，中式的、法式的、美式的，米其林、平价馆、路边摊，他一直期望把最贴合人性需要的，自然、健康、简单、舒适的饮食方式带入每个家庭。让美好不再是"一期一会"，而是"朝朝暮暮"。由此才有了他的《玩味茶事》《玩味简烹》《玩味简烹2》，以至于这本《玩味餐配茶》。

本书中的食物配茶方法，总结为：酸味配黑茶、熟普；甜味配红茶、花茶；苦味配绿茶、生普；辣味配浓香型乌龙茶；咸味配清香型乌龙茶；香味配白茶；鲜味配绿茶。肉类中，牛、羊肉配浓香型乌龙茶，鸡、鸭、猪肉配清香型乌龙茶；水产类中，深水鱼、蟹、蚝配浓香型乌龙茶，淡水鱼、虾、贝配绿茶；奶制品配红茶、花茶；蔬菜配白茶或清香型单丛。

总的来说，重味菜配重味茶，清淡菜配清淡茶，甜菜配甜茶，鲜菜配鲜茶，苦菜配苦茶。那么读者会问，生活中往往一道菜味道是复合的，基本都用盐、糖、油（或酱油）调味，可能是又甜又咸或又酸又辣。这种情况该怎么配茶呢？其实怀石料理是比较清淡的，林贞标提倡的"简烹"也是比较原味的菜肴。就是一道菜会有一个主味，这个主味也与主材料本身的性质吻合。《玩味简烹2》有言："好的食材配伍，需明白君、臣、佐、使之分。"佐餐之茶，亦犹如精妙的调料，依然是为烘托主料而存在。通常是增益优势原味（如白茶之于蔬菜），而削弱异味、杂味（如炭焙乌龙茶之于牛、羊肉）。所以，可以配茶的菜，首先要是好菜。味道糟糕的菜，如过咸、过辣、过甜或过烫，为健康计，与其用茶来反复救场，不如直接弃箸。其次，可以配茶的菜，最好有一种突出主味，而不是五味杂陈。当什么味道都满当当的，就没有茶来舒展转圜的余地了，此时喝茶与喝白水无异。如果纯粹为了消食解腻，喝什么茶都行。

本书只是一个指路的框架。以上配红茶的是用祁门红茶还是正山小种，配绿茶的是用龙井还是川青更好，书里没说，因为答案在列位看官的口舌上。如果红茶和绿茶品不出区别，或者祁红和滇红品不出区别，用哪种茶不都一样？品出了区别，按照五感的愉悦度来选择便是。说到底，要去喝茶，去品尝，不要空问。过去在中医上，食、饮都讲五味调和之道，五味需求对应五脏状况。不同食物适合不同体质的人，所以配茶也需因人而异。适体为宜，适口为珍。

餐配茶，尤其是一菜配一茶，其实是需要慢慢吃、慢慢喝的。欣赏滋味，浅尝少食，清欢为饱。茶道讲究"和、敬、清、寂"，日常的餐配茶不用那些复杂的仪式，但这种心境亦然。平和，清爽，不吵闹，敬食物，敬食友。所以，本书的正经使用指南如下：

1. 简烹。

2. 泡茶。

3. 品尝餐和茶。

4. 少说话。

为什么要少说话？鼻咽、耳道、食道相连，顾着听就闻不见茶香变化，顾着说就尝不到味道层次，有些味觉体验稍纵即逝。

那么对于喜好口味丰富的食物的朋友，或以茶餐会客交友的朋友，

餐配茶也是利大于弊。茶有抑制食欲的作用，长期可减肥清肠，短期可防暴饮暴食；可防激动失态，可防尴尬冷场；谈不拢交易面子还在，谈不成感情品格还在。

最后，希望大家从餐配茶开始，发现慢食人生的美好。

慢慢吃，欣赏啊。

编者　刘昱